LÖWENZAHN

Das Multitalent – von Pesto bis Peeling

Der Löwenzahn, der oft als Unkraut angesehen wird, kann uns viel über Widerstandsfähigkeit und Nachhaltigkeit lehren.

– Robin Wall Kimmerer

(amerikanische Botanikerin)

Natasja van der Meer

LÖWENZAHN

Das Multitalent – von Pesto bis Peeling

Aus dem Niederländischen
von Wiebke Krabbe

ulmer

INHALT

VORWORT

Im zeitigen Frühjahr, wenn die Natur aus der Winterruhe erwacht, öffnet der Löwenzahn schon früh seine Blüten und verkündet neues Leben. Mit seinen gelben Blüten, die wie kleine Sonnen im Gras aussehen, streut er leuchtende Farbtupfen in die Landschaft. Und wenn sich später die Blüten in flaumige Pusteblumen verwandeln, lässt schon eine leichte Brise die Samen tanzend durch die Luft schweben. Ein poetischer Anblick.

Meiner Meinung nach wird Löwenzahn stark unterschätzt, genau wie die Brennnessel, der ich ebenfalls ein ganzes Buch gewidmet habe. Er wird als unerwünschtes »Unkraut« aus Rasenflächen und Gärten entfernt. Das ist völlig unnötig und sogar schlecht für die Artenvielfalt, denn diese unkomplizierte Pflanze hat viel zu bieten. Früher wussten die Menschen das, aber dieses Wissen ist im Lauf der Zeit verloren gegangen. Grund genug, das Image des Löwenzahns aufzupolieren.

Kaum jemand weiß heute noch, dass alle Teile des Löwenzahns essbar sind: die Wurzeln, Blätter, Stängel und Blüten. Man kann daraus zum Beispiel leckere und gesunde Gerichte wie Beignets und Sorbet zubereiten. Löwenzahn ist reich an Vitaminen und Mineralstoffen, darum wird er seit jeher als gesunde und heilkräftige Pflanze genutzt. Außerdem kann man aus Löwenzahn Körperpflegeprodukte wie Seife und Sonnenschutzcreme herstellen – und darüber hinaus pflanzliche Tinte, Papier und Schnüre.

Löwenzahn nützt nicht nur den Menschen, sondern auch Tieren und anderen Pflanzen. Mit seinen wertvollen Inhaltsstoffen ist er für viele Tiere eine hervorragende Ergänzung zum täglichen Futter. Insekten wie Bienen und Schmetterlinge versorgt er mit Nektar und Pollen. Und er gibt sogar an den Gartenboden Mineralstoffe ab, die Nachbarpflanzen gesund und kräftig wachsen lassen.

Der Löwenzahn ist nicht nur hübsch und nützlich, sondern auch sehr robust. Wo andere Pflanzen sich abmühen und schwächeln, findet der Löwenzahn immer einen Weg, sogar zwischen Pflastersteinen oder auf kargem Boden. Er zeigt uns, wie widerstandsfähig die Natur ist. Der Löwenzahn steht für Verwandlung und Beharrlichkeit. Vielleicht kann ich mit diesem Buch dazu beitragen, dass seine Vielseitigkeit und Schönheit wieder mehr geschätzt werden.

Natasja

NAME

Der botanische Name des Löwenzahns lautet *Taraxacum officinale*. Der Gattungsname *Taraxacum* stammt wahrscheinlich aus dem Arabischen. Das arabische Wort »tarakhshaqūn« bezeichnet eine Heilpflanze, das Wort »tarāqa« steht für ein Heilmittel bei Augenkrankheiten – und zu diesem Zweck wurde der Löwenzahn früher oft benutzt.

Taraxacum kann auch von dem griechischen Wort »taraxos« abgeleitet sein, das »Störung« oder »Unruhe« bedeutet und »akos« (Heilmittel). Das Wort *officinale* im botanischen Namen stammt aus dem Lateinischen und bedeutet »medizinisch« oder »aus der Apotheke«. Tatsächlich war die Pflanze schon in der Antike wegen ihrer Heilwirkung bekannt und wurde schon früh von Apothekern verwendet.

Bis ein offizieller deutscher Name eingeführt wurde, gab es eine Vielzahl volkstümlicher, regionaler Bezeichnungen, etwa Butterblume, Hundeblume oder Kuhblume. Viele volkstümliche Namen wie Bettpisser oder Pissnelke beziehen sich, ebenso wie der französische Name *pissenlit*, auf die harntreibende Wirkung des Löwenzahns.

Der offizielle deutsche Name lautet zwar »Gewöhnlicher Löwenzahn«, doch ich nenne ihn in diesem Buch einfach Löwenzahn. Die englische Bezeichnung *dandelion* leitet sich vom Französischen *dent de lion* (Zahn des Löwen) ab und bezieht sich auf die grob gezahnte Form der Blätter. Es gibt außerdem eine Pflanzengattung *Leontodon*, die nicht mit dem hier gemeinten Löwenzahn verwandt ist, ihm aber ähnlich sieht und mit Schaftlöwenzahn auch ähnlich heißt.

Taraxacum officinale

VERSCHIEDENES

Die Verwendung des Löwenzahns reicht bis in die Antike zurück. Schon damals war er für seinen medizinischen und kulinarischen Nutzen bekannt. Die alten Griechen, Römer und Chinesen schätzten den Löwenzahn vor allem als Heilpflanze.

Ursprünglich ist der Löwenzahn in Zentralasien und Europa beheimatet. Die Wikinger brachten die Samen nach Island und Grönland. Die ersten europäischen Siedler, die im frühen 17. Jahrhundert nach Amerika kamen, hatten Löwenzahnsamen im Gepäck, um die Pflanze als Nahrungsmittel anzubauen. Heute ist der Löwenzahn fast überall auf der Welt verbreitet.

Während des Zweiten Weltkriegs wurde Löwenzahn in der ehemaligen Sowjetunion zur Herstellung von Naturkautschuk verwendet. Ähnliche Experimente gab es auch in anderen Ländern. Allerdings konnten nur geringe Mengen produziert werden, darum geriet das Verfahren wieder in Vergessenheit, aber in letzter Zeit erwacht das Interesse an dieser nachhaltigen Alternative zu Naturkautschuk wieder.

Löwenzahn taucht in verschiedenen Volksmärchen als Zauber- und Heilpflanze auf. Er steht oft sinnbildlich für Einfachheit, Bescheidenheit oder die Schönheit im Alltäglichen. Einem Aberglauben zufolge geht ein Wunsch in Erfüllung, wenn man alle Samen der flauschigen Pusteblume mit einem Atemzug wegbläst. Der Löwenzahn gilt als die einzige Pflanze, die sowohl die Sonne (Blüte) als auch den Mond (Samenstand) und die Sterne (einzelne Samen) symbolisiert.

In der Signaturenlehre, in der von den äußeren Merkmalen einer Pflanze auf ihre Verwendung in der Heilkunde geschlossen wird, verweist die gelbe Farbe der Blüte auf ihre reinigende und entgiftende Wirkung und somit auf lebenswichtige Organe wie Leber, Galle und Verdauung. Die kräftige Pfahlwurzel steht für Erdung und Bodenhaftung. Der hohle Stängel entspricht den Därmen, dem Magen und der Blase. Dass die Blüte der Sonne zugewandt ist, weist darauf hin, dass der Löwenzahn die Lebenskraft erhöht und die Energie verbessert.

BOTANIK

Der Löwenzahn gehört zur Familie der Korbblütler *(Asteraceae)*. Andere Mitglieder dieser Pflanzenfamilie sind zum Beispiel Gänseblümchen und Margeriten. Es gibt Hunderte von Löwenzahnarten, die schwer voneinander zu unterscheiden sind. Die meisten wachsen auf Wiesen, Weiden und Rasenflächen, an Wegrändern und auf Deichen, denn sie bevorzugen nährstoffreichen, feuchten Boden in der Sonne. Einige Arten haben sich allerdings angepasst und wachsen auf trockenen Sandböden, zum Beispiel in den Dünen.

Diese mehrjährige, winterharte Pflanze hat eine Pfahlwurzel, die sich bis zu einem Meter tief in den Boden bohren kann. Die unbehaarten, hellgrünen Blätter wachsen dicht über dem Boden in Form einer Rosette. Die Blätter haben oft grob gezähnte Ränder, die in Form und Länge stark variieren können und bis zu 30 cm lang werden. Der hohle Blütenstiel ist glatt, rund, unverzweigt und trägt keine Blätter. Wird er verletzt, tritt weißer Milchsaft aus. Der Stängel kann bis zu 50 cm hoch werden.

An jedem Stängel befindet sich ein Blütenstand, der aus zahlreichen goldgelben Zungenblüten besteht, die ein tellerförmiges Körbchen bilden. Diese Zungenblüten werden von der Blütenhülle zusammengehalten. Die Hülle besteht aus einigen Reihen grünlicher Blätter, von denen die untere Reihe nach unten zeigt. Die Blüte öffnet sich in der Morgendämmerung und schließt sich in der Abenddämmerung – sowie bei Regen – wieder. Die Blütezeit reicht vom zeitigen Frühjahr bis zum Spätherbst, die Hauptblütezeit fällt in die Monate April und Mai.

Nach der Blüte entwickelt sich der bekannte, vom Wind verbreitete Fruchtflaum, der Pappus genannt wird. Es dauert ein bis zwei Wochen, bis aus einer Löwenzahnblüte eine Pusteblume wird. Die Pappushaare sind weiß und bilden eine Art winzigen Fallschirm mit einem Stiel, von dem eine Achäne (Nussfrucht) herabhängt. Die Früchte haben Rillen, die ihnen das Verankern im Boden erleichtern.

Der Löwenzahn vermehrt sich schnell und effizient. Er hat verschiedene Strategien: Samen werden nach der Bestäubung durch Insekten, aber auch durch Selbstbestäubung und sogar ohne Bestäubung gebildet. Wenn die Wurzel abbricht, wächst eine neue Pflanze nach, und nicht alle Blüten öffnen sich zur gleichen Zeit. Die Samen mit ihren »Fallschirmchen« werden vom Wind über weite Strecken transportiert. Durch diese unterschiedlichen Überlebensmechanismen kann sich der Löwenzahn leicht vermehren. Einzelne Pflanzen können fünf bis zehn Jahre alt werden.

Lö|wen|zahn *(Substantiv, maskulin)*

(zu den Korbblütlern gehörende) besonders auf Wiesen wachsende Pflanze mit länglichen, gezähnten, eine Rosette bildenden Blättern, hohlen, Milchsaft führenden Stängeln und gelben Blüten, die sich zu einem kugeligen Samenstand entwickeln (vgl. Pusteblume) (Quelle: duden.de)

INHALTSSTOFFE

Der Löwenzahn, der oft als bescheidenes Wildkraut betrachtet wird, ist in Wahrheit ein Kraftpaket voller gesunder Inhaltsstoffe. Er enthält beispielsweise Inulin, ein Präbiotikum, das die Darmgesundheit unterstützt, und Bitterstoffe wie Taraxin, die die Verdauung anregen und die Leberfunktion verbessern. Die Blätter sind reich an essenziellen Vitaminen und Mineralstoffen, darunter die Vitamine A, C und K, die zu einem starken Immunsystem und gesunden Knochen beitragen.

Darüber hinaus enthält Löwenzahn starke Antioxidantien wie Flavonoide und Phenolsäuren, die gegen freie Radikale und Entzündungen wirken. Ob zur Förderung der allgemeinen Gesundheit oder zur gezielten Unterstützung bestimmter Organe – der Löwenzahn ist eine natürliche und heilkräftige Pflanze, die in keinem Kräutergarten fehlen sollte.

Die wichtigsten Wirkstoffe auf einen Blick:

- Aminosäuren
- Betakarotin
- Bitterstoffe
- Chlorophyll
- Enzyme
- Fettsäuren
- Flavonoide
- Mineralstoffe
  - Calcium
  - Eisen
  - Kalium
  - Magnesium
  - Mangan
  - Phosphor
  - Schwefel
  - Silizium
  - Zink
- Phenolsäuren
- Phytosterole
- Schleimstoffe
- Sterole
- Triterpene
- Vitamine
  - Cholin
  - Vitamin A
  - Vitamin B_1
  - Vitamin B_2
  - Vitamin B_3
  - Vitamin B_6
  - Vitamin C
  - Vitamin E
  - Vitamin K
- Zucker
  - Inulin
  - Fructose
  - Glucose

SAMMELN

Ich wette, jeder findet Löwenzahn in unmittelbarer Nähe seines Hauses. Normalerweise wächst er in Hülle und Fülle und man kann ihn problemlos pflücken. Achten Sie aber immer darauf, dass die Pflanzen nicht (ungewollt) mit Pestiziden gespritzt wurden, und sammeln Sie nicht in der Nähe von Straßen oder an Wegen, wo viele Hunde entlangkommen.

Es gibt einige Pflanzen, die dem Löwenzahn sehr ähnlich sehen. Sie sind zwar ungiftig und essbar, aber es ist dennoch sinnvoll, den richtigen Löwenzahn auszuwählen. Seine Haupterkennungsmerkmale: Der Stängel ist unverzweigt und hohl, und die Blätter sind unbehaart.

Bei der Ernte ist Achtsamkeit angesagt. Sammeln Sie nicht mehr, als Sie brauchen, und sorgen Sie immer dafür, dass noch genug für Insekten übrig bleibt. Glücklicherweise produziert die Pflanze nach dem Pflücken schnell neue Blüten, oft sogar mehr als vorher. In einem luftigen Korb, der mit einem feuchten Tuch ausgelegt ist, bleibt die Ernte frisch. Wer sammeln geht, sollte eine Gartenschere oder ein Messer mitnehmen, eventuell auch Gartenhandschuhe und eine schmale Schaufel für die Wurzeln.

Die Blätter werden am besten im zeitigen Frühjahr gepflückt, bevor die Pflanze Knospen bildet. Dann ist die ganze Energie vorhanden und die Blätter schmecken milder. Dieser Zeitraum ist sehr kurz. Es ist praktisch, sich einen Vorrat für die spätere Verwendung anzulegen, indem man die Blätter in einem Dörrgerät oder einem Solartrockner trocknet. Die Blätter können auch eingelegt werden.

Wenn es dafür zu spät ist, kann man die Pflanze für einige Wochen mit einem Blumentopf abdecken, das reduziert die Bitterstoffe. Auch kurzes Blanchieren mildert den Geschmack. Alternativ alle oberirdischen Pflanzenteile abschneiden und die Blätter nachwachsen lassen. Das klappt sogar in einem Topf auf einer Fensterbank, von dem man immer wieder die jungen, zarten Blätter ernten kann.

Die Blütenköpfe werden am besten bei trockenem, sonnigem Wetter gepflückt, wenn sie vollständig geöffnet sind. Nach dem Pflücken schließen sie sich schnell und zerfallen beim Trocknen, daher sollten sie sofort verarbeitet werden. Werden nur die Zungenblüten benötigt, zupft man sie aus dem Blütenkopf. Ich empfehle, so viele Staubgefäße wie möglich zu pflücken, denn der Pollen hat einen schönen süßen Geschmack! Lange Stängel sind oft im hohen Gras zu finden. Der weiße, milchige Saft hinterlässt braune, klebrige Flecken auf den Händen. Wen das stört, der kann Handschuhe anziehen.

Die Wurzel wird möglichst im Herbst geerntet, da sie um diese Zeit am meisten Energie und Inulin enthält. Zum Ausgraben der langen Pfahlwurzeln ist eine Schaufel oder ein Unkautstecher nötig. Wenn ein Stück Wurzel in der Erde bleibt, wächst daraus in der nächsten Saison eine neue Pflanze. Man kann die Wurzel mit einer Bürste säubern und sie zum Trocknen in kleine Stücke schneiden.

Löwenzahnwurzeln sollten nur in geringen Mengen verzehrt werden, sonst drohen Übelkeit, Bauchschmerzen und Durchfall. Menschen mit Fructoseintoleranz sollten im Herbst geerntete Wurzeln meiden, da sie viel Inulin enthalten. Wer allergisch auf Korbblütler oder auf den Milchsaft reagiert, trägt bei der Ernte am besten Handschuhe. Bei ernsthaften Gesundheitsproblemen immer ein Arzt konsultieren.

Hinweis zum Sammeln: In Deutschland ist es im Bundesnaturschutzgesetz geregelt, ob, was und wie viel man aus der Natur für den Eigengebrauch mitnehmen darf. Aus Naturschutzgebieten etwa darf gar nichts entnommen werden, in Landschaftsschutzgebieten gibt es Einschränkungen.

ESSEN

Die wenigsten Menschen wissen, dass tatsächlich alle Teile des Löwenzahns essbar sind: Wurzel, Stängel, Blätter und Blüten sind reich an Vitaminen und Mineralstoffen. Diese wertvolle Pflanze wächst buchstäblich überall und kann kostenlos gepflückt werden. Sie ist also eine überaus gesunde, nachhaltige und günstige Alternative zu Gemüse aus dem Laden, das womöglich gespritzt ist.

Im Vergleich zu einer Handvoll herkömmlichem Kopfsalat enthält die gleiche Menge Löwenzahnblätter im Durchschnitt 20-mal mehr Vitamin A, 4-mal mehr Vitamin B_1, 3-mal mehr Vitamin B_2, 2-mal mehr Vitamin B_3, 6-mal mehr Vitamin B_6 und 12-mal mehr Vitamin C – ganz zu schweigen von nennenswerten Mengen an Mineralstoffen wie Calcium, Phosphor, Kalium, Magnesium und Eisen.

Man kann die Blätter sehr gut roh in einem Salat essen oder wie Spinat dünsten. Oder wie wäre es mit Löwenzahn-Sorbet oder leckeren Löwenzahn-Gnocchi? In einigen anderen Ländern werden Löwenzahnblätter als Delikatesse verkauft. Sie werden einer besonderen Behandlung unterzogen, damit sie weniger bitter schmecken. Wie das geht, verrate ich in diesem Buch.

Es gibt köstliche Zubereitungen mit Löwenzahn, die an bekannte Klassiker erinnern, zum Beispiel Löwenzahnhonig. Viele Menschen schmecken keinen Unterschied zu Bienenhonig. Es wird auch niemand bemerken, wenn Sie ab und zu einige Löwenzahnblätter unter den Rucola mogeln. Erstaunlich lecker sind »Kapern«, die aus den noch geschlossenen Blütenknospen hergestellt werden.

Frischer, roher Löwenzahn hat natürlich den höchsten Nährwert. Die Blätter vor der Verwendung gut waschen und trocken tupfen. Die Blüten möglichst nicht abspülen, weil dadurch der Pollen entfernt wird, der ebenfalls sehr schmackhaft und nährstoffreich ist.

Alle vorgestellten Rezepte sind rein pflanzlich, d. h. vegan, und für vier Personen berechnet, sofern nicht anders angegeben.

AIOLI

Sonnengelb und würzig

Die mediterrane Knoblauchsauce mal anders interpretiert. Eine köstliche vegane Version verdankt ihre schöne gelbe Farbe den Zungenblüten. Perfekt als Dip oder Sauce zu gebratenem Gemüse oder auf einem Stück Löwenzahnbrot.

ZUTATEN

FÜR 8 BRÖTCHEN

- 1 Handvoll frische Löwenzahn-Zungenblüten
- 50 ml Reisdrink
- 3 Knoblauchzehen
- 1 EL Senf
- 2 EL Zitronensaft
- 50 ml Olivenöl
- Salz und Pfeffer

- *Standmixer*

SO WIRD ES GEMACHT

1. Alle Zutaten bis auf das Olivenöl in einen Mixer geben und eine Minute auf höchster Stufe pürieren.
2. Ganz langsam das Olivenöl dazugeben und weitermixen, bis eine cremige Aioli entsteht. Mit Salz und Pfeffer abschmecken.

Zungenblüten

BEIGNETS

Knusprige Überraschung

Beignets sind eine französische Erfindung. Die kleinen Krapfen bestehen aus frittiertem Teig und werden oft mit Zucker bestreut. Alle Arten von Obst und Gemüse können in den Teig getaucht und dann ausgebacken werden, also auch Löwenzahnblüten. Eine besondere Leckerei, um Gäste zu überraschen.

SO WIRD ES GEMACHT

1. Das Mehl in einer Rührschüssel mit Vanillezucker, Backpulver und einer Prise Salz vermischen. Unter Rühren mit einem Schneebesen nach und nach etwas kaltes Wasser hinzufügen, bis die Mischung die dickflüssige Konsistenz von Pfannkuchenteig hat.
2. Das Sonnenblumenöl in einem großen Topf auf 180 °C erhitzen. Die Blütenstände durch den Teig ziehen und in dem Öl frittieren, bis sie goldbraun sind.
3. Die Beignets mit einem Schaumlöffel aus dem Öl heben und auf Küchenpapier abtropfen lassen.
4. Kurz vor dem Servieren mit etwas Puderzucker bestäuben.

ZUTATEN

- 200 g Mehl
- 1 Päckchen Vanillezucker
- 1 Päckchen Backpulver
- Salz
- kaltes Wasser
- 2 l Sonnenblumenöl
- 1 Handvoll ganze Löwenzahnblüten
- Puderzucker

- *Schaumlöffel*
- *Küchenpapier*

BROT

Gesund und nahrhaft

Dieses ungewöhnliche Brot ist sehr gesund, denn es ist mit den schmalen Zungenblüten des Löwenzahns angereichert, die eine Menge Vitamine und Mineralstoffe beisteuern. Perfekt für Liebhaber von gesunden, hausgemachten Lebensmitteln. Köstlich mit etwas Löwenzahn-Aioli!

ZUTATEN

- 2 Handvoll frische Zungenblüten vom Löwenzahn
- 400 g Weizenvollkornmehl
- 1 Päckchen Trockenhefe
- 1 TL Salz
- 350 ml warmes Wasser
- 2 EL Olivenöl

- *gusseiserner Topf mit Deckel*
- *Backpapier*

SO WIRD ES GEMACHT

1. Zungenblüten, Mehl, Hefe und Salz in einer großen Schüssel vermengen. Langsam das warme Wasser hinzugießen und alles zu einem glatten Teig verarbeiten. Wenn der Teig zu klebrig ist, etwas mehr Mehl zugeben; ist er zu trocken, etwas Wasser unterarbeiten.
2. Eine Schüssel mit dem Olivenöl einfetten. Den Teig zu einer Kugel formen und in die Schüssel legen. Mit einem feuchten Geschirrtuch abgedeckt 2 Stunden an einem warmen Ort gehen lassen.
3. Ein Blatt Backpapier in den gusseisernen Topf legen und den Topf in den Ofen stellen und beides auf 225 °C vorheizen.
4. Die Teigkugel auf das Backpapier im Topf legen und 30 Minuten mit geschlossenem Deckel im Ofen backen. Den Deckel abnehmen und das Brot weitere 15 Minuten backen, bis die Kruste goldbraun ist.
5. Das Brot vor dem Aufschneiden abkühlen lassen. Dazu schmeckt selbst gemachte Löwenzahn-Aioli!

CHIPS

Pikante Knabberei

Löwenzahnchips sind mal etwas anderes zu einem Glas Bier oder Wein. Die Gewürze können nach Belieben variiert werden. Ich habe mich für Paprika und etwas Chili entschieden. Dazu passt ein Glas Löwenzahnwein!

SO WIRD ES GEMACHT

1 Den Backofen auf 160 °C vorheizen.
2 Olivenöl, Sojasauce, Salz, Pfeffer, Chiliflocken und Paprika in einen tiefen Teller geben und gut vermischen. Die Löwenzahnblätter in der Ölmischung wenden. Alle Blätter müssen gleichmäßig mit der Ölmischung bedeckt sein.
3 Ein Backblech mit Backpapier auslegen und die Blätter darauf nebeneinander verteilen. 5–10 Minuten im Ofen backen.
4 Regelmäßig den Bräunungsgrad kontrollieren und die Blätter herausnehmen, bevor sie zu dunkel werden. Die Chips werden noch etwas knuspriger, wenn sie abkühlen.

ZUTATEN

- 25 ml Olivenöl
- 25 ml Sojasauce
- 1 TL Salz
- 1 TL Pfeffer
- 1 TL Chiliflocken
- 1 TL Paprikapulver edelsüß
- 8 Handvoll frische Löwenzahnblätter, gewaschen und abgetropft

- *Backpapier*

FLAMMKUCHEN

So gut schmeckt Natur

Der knusprige Boden ist mit Löwenzahnpesto bestrichen und reichlich mit gesunden, aromatischen Zutaten belegt – ein kulinarischer Genuss. Löwenzahnkapern geben eine feine Würze, und die Zungenblüten sorgen für einen ungewöhnlichen farblichen Akzent. Ein Feuerwerk an Aromen und Farben.

ZUTATEN

- 1 Zwiebel
- 6 Kirschtomaten
- 1 Knoblauchzehe
- 1 Rolle (veganer) Flammkuchenteig aus dem Kühlregal
- 4 EL Löwenzahnpesto (siehe S. 50)
- 1 Handvoll frische Löwenzahnblätter, gewaschen und trocken getupft
- 2 EL Löwenzahnkapern (siehe S. 41)
- ½ Handvoll frische Zungenblüten
- 1 Schuss Olivenöl
- Salz und Pfeffer

- *Backpapier*

SO WIRD ES GEMACHT

1. Den Backofen vorheizen (Temperatur siehe Verpackung des Teigs). Die Zwiebel in halbe Ringe und die Tomaten in Viertel schneiden. Den Knoblauch zerdrücken oder hacken.
2. Den Teig entrollen und auf ein mit Backpapier ausgelegtes Backblech legen. Den Teig mit dem Löwenzahnpesto bestreichen. Zwiebelringe, Tomaten und Knoblauch auf dem Teig verteilen.
3. Den Flammkuchen so lange backen, wie auf der Verpackung des Teigs angegeben ist, oder bis er eine goldbraune Kruste hat.
4. Löwenzahnblätter, -kapern und Blütenblätter auf dem Flammkuchen verteilen, mit etwas Olivenöl beträufeln und mit Salz und Pfeffer würzen.

GNOCCHI

Mit zartbitterer Note

Ich habe ein Jahr lang in Italien gelebt und dort Gnocchi für mich entdeckt. Die weichen, luftigen Gnocchi in diesem Buch werden aus Kartoffeln und frischen Löwenzahnblättern zubereitet, die einen zartbitteren Touch und eine gesunde Dosis Vitamine liefern. Dazu schmeckt Löwenzahnpesto.

SO WIRD ES GEMACHT

1 Die ungeschälten Kartoffeln etwa 15 Minuten kochen. Die Löwenzahnblätter so fein wie möglich hacken.
2 Die Kartoffeln abgießen und pellen, solange sie noch heiß sind. Die Kartoffeln mithilfe von Kartoffelstampfer oder Kartoffelpresse zu einem luftigen Püree verarbeiten.
3 Einen Teil des Mehls auf die Arbeitsfläche streuen. Kartoffelpüree, restliches Mehl, gehackte Löwenzahnblätter und etwas Salz daraufgeben. Das Ganze zu einem glatten Teig verkneten.
4 Noch etwas Mehl auf die Arbeitsfläche streuen und den Teig zu 2 cm dicken Rollen formen. Diese in 2 cm lange Stücke schneiden.
5 Reichlich Wasser in einem großen Topf zum Kochen bringen, dann Gnocchi hineingeben. Sie sind gar, sobald sie an die Oberfläche steigen. Mit einem Schaumlöffel herausnehmen.
6 Mit etwas Löwenzahnpesto servieren.

ZUTATEN

- 500 g mehlig kochende Kartoffeln
- 4 Handvoll frische Löwenzahnblätter, gewaschen und trocken getupft
- 125 g italienisches Mehl Tipo 00, plus etwas mehr zum Verarbeiten
- Salz

- *Kartoffelstampfer oder Kartoffelpresse*
- *Schaumlöffel*

GELEE

Sonnenschein im Glas

Löwenzahngelee, auch bekannt als »Honig des armen Mannes«, ist eine schmackhafte und vegane Alternative zu Bienenhonig. Er wird aus den Zungenblüten des Löwenzahns hergestellt und hat einen reichen, süßen Geschmack. Sehr lecker auf einer Scheibe Löwenzahnbrot.

ZUTATEN

- 4 Handvoll frische Zungenblüten vom Löwenzahn
- Saft von 1 Zitrone
- 1 l Wasser
- 1 kg Gelierzucker (1:1)

- *Käseleinen (Seihtuch)*
- *5 sterilisierte Schraubdeckelgläser (400 ml Volumen)*
- *Etiketten*

SO WIRD ES GEMACHT

1. Die Blütenblätter mit Zitronensaft und dem Wasser in einen Topf geben. Bis knapp unter den Siedepunkt erhitzen, Herd ausschalten und die Mischung mit aufgelegtem Deckel über Nacht ziehen lassen.
2. Eine kleine Untertasse in den Kühlschrank stellen (für die Gelierprobe). Die Flüssigkeit durch das Käseleinen in einen zweiten Topf abseihen. Den Gelierzucker einrühren und die Mischung langsam unter Rühren zum Kochen bringen. Dann 4 Minuten sprudelnd kochen.
3. 1 Teelöffel Gelee auf die kalte Untertasse geben. Falls es noch zu flüssig ist, einige Minuten länger sprudelnd kochen.
4. Die Gläser bis zum Rand mit dem Löwenzahn»honig« füllen und sofort verschließen.
5. Etiketten mit dem Inhalt und dem Datum beschriften und auf die Gläser kleben. Das Gelee ist etwa ein Jahr haltbar und sollte nach dem Öffnen im Kühlschrank aufbewahrt werden.

KAPERN

Wilde Würzzutat

Die Kapern, die wir normalerweise (kaufen und) essen, stammen hauptsächlich aus dem Mittelmeerraum. Man kann sie aber auch aus heimischem Löwenzahn herstellen. Dazu verwenden wir die noch harten und ungeöffneten Knospen, die sich – noch ohne Stängel – in der Mitte der Blattrosette befinden. Köstlich zu Feldsalat!

SO WIRD ES GEMACHT

1 Die Knospen gründlich waschen und abtropfen lassen. In eine kleine Schüssel legen und mit dem Salz bestreuen. Über Nacht ziehen lassen, dann kurz abspülen und trocken tupfen.

2 Den Apfelessig mit dem Rohrzucker und allen Würzzutaten in einem kleinen Topf unter Rühren köcheln lassen, bis sich der Zucker aufgelöst hat. Den Topf vom Herd nehmen.

3 Die Knospen in das Glas füllen und mit dem noch heißen Sud übergießen. Die Knospen müssen vollständig bedeckt sein.

4 Vor dem Verzehr mindestens einen Monat durchziehen lassen.

ZUTATEN

- 1 Tasse harte, geschlossene Löwenzahnknospen
- 4 EL Meersalz
- 200 ml Apfelessig
- 2 EL Rohrzucker
- 2 TL Senfkörner
- 2 TL bunte Pfefferkörner
- 2 TL Wacholderbeeren
- 1 Lorbeerblatt
- 1 Gewürznelke

- *sterilisiertes Schraubdeckelglas (400 ml Volumen)*

Knospen

PLÄTZCHEN

Gesunder Snack für zwischendurch

Diese knusprigen Kekse voller Ballaststoffe und Vitamine sind ein gesunder und leckerer Happen für zwischendurch. Besonders gut schmecken sie zu einer Tasse Löwenzahnkräutertee.

ZUTATEN

- 200 g Kokosöl
- 200 g Rohrzucker
- 250 g Vollkornmehl
- 100 g zarte Haferflocken
- 2 Handvoll frische Zungenblüten vom Löwenzahn
- 1 Päckchen Vanillezucker
- 1 Banane

- *Backpapier*

SO WIRD ES GEMACHT

1 Den Backofen auf 180 °C vorheizen. Kokosöl und Rohrzucker in einer Pfanne erhitzen, bis beides geschmolzen ist. Die Mischung in eine große Schüssel geben und etwas abkühlen lassen.

2 Die übrigen Zutaten dazugeben. Ein paar Blütenblätter zum Garnieren aufheben. Gut durchkneten. Wenn der Teig zu klebrig ist, etwas mehr Mehl zugeben. Ist er zu trocken, etwas mehr geschmolzenes Kokosöl zugeben.

3 Ein Backblech mit Backpapier auslegen. Aus dem Teig Kugeln von der Größe eines Golfballs formen, auf dem Backblech verteilen und etwas flach drücken.

4 15–20 Minuten im Ofen backen, bis die Ränder goldbraun sind. Die Plätzchen aus dem Ofen nehmen und abkühlen lassen. Mit den beiseitegelegten Zungenblüten bestreuen. Guten Appetit!

MAULWURFSSALAT

Mild und knackig

Um Löwenzahn zu bleichen, muss man ihn vor Licht schützen. Dann bildet er zarte, gelblichgrüne Blätter, die weniger Bitterstoffe enthalten als die dunkelgrünen Blätter unter freiem Himmel. Früher bedeckte man ihn mit Erde, sodass Hügel ähnlich wie Maulwurfshaufen entstanden – daher der Name. Einfacher und sauberer lässt sich der Löwenzahn bleichen, indem man etwa zehn Tage lang einen großen Blumentopf über die Pflanze stülpt.

SO WIRD ES GEMACHT

1 Den gebleichten Löwenzahn waschen und trocken tupfen. Die Tomaten vierteln, Radieschen und Karotten in dünne Scheiben schneiden und die Zwiebel hacken. Alles in eine Salatschüssel geben.

2 In einer kleinen Schüssel Essig und Olivenöl mit etwas Salz und Pfeffer verrühren. Das Dressing über den Salat gießen und unterheben. Mit ganzen Blüten garniert servieren.

ZUTATEN

- 100 g gebleichte Löwenzahnblätter
- 12 kleine Strauchtomaten
- 8 Radieschen
- 2 Karotten
- 1 rote Zwiebel
- 1 Schuss Balsamessig
- 1 Schuss Olivenöl
- Salz und Pfeffer
- 8 ganze Löwenzahnblüten

ESSIG & ÖL

Fein würzig

Legt man Löwenzahnblüten in Essig oder Öl ein, geben sie neben Geschmacksstoffen auch Vitamine und Mineralstoffe an die Flüssigkeit ab. Löwenzahnöl und -essig sind eine extravagante, würzige Bereicherung für Marinaden und Dressings – auch schön als Geschenk.

ZUTATEN

- 4 Handvoll ganze Löwenzahnblüten
- 250 ml Olivenöl
- 250 ml Apfelessig

- *2 sterilisierte Schraubdeckelgläser (300 ml Volumen)*
- *2 sterilisierte Glasflaschen (250 ml Volumen)*
- *feines Sieb oder Käseleinen (Seihtuch)*

SO WIRD ES GEMACHT

1 Die Blüten auf die beiden Schraubdeckelgläser aufteilen. Ein Glas bis zum Rand mit dem Olivenöl füllen, das andere mit dem Essig. Beide Zubereitungen 14 Tage ziehen lassen.

2 Den Inhalt – nach Sorten getrennt – durch ein Sieb oder Käseleinen abseihen und in die Flaschen füllen. Besonders praktisch sind Flaschen mit einem Dosieraufsatz.

PFANNKUCHEN

Sonne auf dem Teller

Köstliche Löwenzahnpfannkuchen – was für ein fröhlicher und sonniger Start in den Tag! Die zarten Blütenblätter verleihen diesen luftigen Pancakes ein frühlingshaftes Blumenaroma.

SO WIRD ES GEMACHT

1. Mehl und Hafermilch in eine große Schüssel geben. Die Bananen mit einer Gabel zerdrücken und zusammen mit den Blütenblättern und dem Vanillezucker dazugeben.
2. Mit einem Schneebesen zu einem glatten Teig verrühren. Je dickflüssiger der Teig ist, desto weniger zerläuft er, die Pfannkuchen werden also kleiner und dicker. Wer lieber dünne, größere Pfannkuchen mag, gibt etwas mehr Haferdrink hinzu.
3. 1 EL Kokosöl in einer Pfanne stark erhitzen. Mit einem großen Löffel Teigkleckse in die Pfanne geben. Braten, bis die Unterseite goldbraun ist. Dann wenden und die andere Seite ebenfalls goldbraun braten.
4. Zwischendurch die Pfanne mit Küchenpapier auswischen. Wiederholen, bis der Teig verbraucht ist. Die Pfannkuchen mit etwas Löwenzahngelee bestreichen und mit ein paar Blütenblättchen garnieren.

ZUTATEN

- 250 g Mehl
- 500 ml Haferdrink
- 2 reife Bananen
- 2 Handvoll frische Löwenzahn-Zungenblüten, plus einige Blättchen zum Garnieren
- 1 Päckchen Vanillezucker
- 8 EL Kokosöl
- 8 EL Löwenzahngelee (siehe S. 38)

- *Schneebesen*
- *großer Löffel oder Saucenkelle*
- *Küchenpapier*

Mehl

PESTO

Der Klassiker mal anders

Pesto kann man aus allen möglichen Wildkräutern herstellen – auch aus Löwenzahn. Sie können dieses ungewöhnliche Pesto zu Löwenzahn-Gnocchi (siehe S. 37) servieren oder Flammkuchen (siehe S. 34) damit bestreichen.

ZUTATEN

- 2 Handvoll frische Löwenzahnblätter, gewaschen und trocken getupft
- 2 Knoblauchzehen
- 2 EL Hefeflocken
- 25 g Nüsse (z. B. Walnüsse, Cashewkerne)
- 25 g Samen (z.B. Pinien-, Kürbis-, Sonnenblumenkerne)
- 50 ml Olivenöl
- 2 EL Zitronensaft
- Salz und Pfeffer

- *Standmixer oder Stabmixer mit Becher*
- *sterilisiertes Schraubdeckelglas (200 ml Volumen)*

SO WIRD ES GEMACHT

1. Die Blätter grob in Stücke schneiden. Die Knoblauchzehen zerdrücken oder hacken.
2. Alle Zutaten im Standmixer (oder im Becher mit einem Stabmixer) zu einer glatten Paste pürieren. Falls die Mischung zu trocken oder stückig ist, noch etwas Olivenöl hinzufügen.
3. Das Pesto in das Schraubglas füllen, die Oberfläche glatt streichen und mit einer Schicht Öl bedecken. Fest verschließen. Das Pesto hält sich im Kühlschrank etwa zwei Wochen.

RISOTTO

Lust auf Abwechslung?

Ein Risotto mit dem frischen, leicht bitteren Geschmack von Löwenzahnblättern, aufgepeppt durch die fröhlichen Zungenblüten. So schmeckt Natur!

SO WIRD ES GEMACHT

1. Schalotten und Knoblauch fein hacken. Beides in einem Topf mit etwas Olivenöl anbraten.
2. Den Risottoreis dazugeben und einige Minuten unter Rühren anbraten, bis er ölig glänzt. Mit dem Weißwein ablöschen und rühren, bis der Wein aufgesogen wurde oder verdampft ist.
3. Nun jeweils eine Kelle Gemüsebrühe zugeben und regelmäßig rühren, bis der Reis sie aufgesogen hat. Wiederholen, bis der Reis gar ist, aber noch etwas Biss hat.
4. In der Zwischenzeit die Walnüsse im Mörser zerstoßen und mit Hefeflocken, Knoblauchpulver und etwas Salz und Pfeffer vermischen. Die Hälfte dieser Mischung unter das Risotto heben.
5. Die Tomaten halbieren und die Löwenzahnblätter in Stücke schneiden. Das Risotto mit den Blättern, Zungenblüten und Tomaten anrichten und mit der restlichen Walnussmischung bestreut servieren.

ZUTATEN

- 2 Schalotten
- 4 Knoblauchzehen
- 1 Schuss Olivenöl
- 300 g Risottoreis
- 150 ml Weißwein
- 1 l Gemüsebrühe
- 100 g Walnüsse
- 2 EL Hefeflocken
- 1 TL Knoblauchpulver
- Salz und Pfeffer
- 12 Kirschtomaten
- 1 Handvoll frische Löwenzahnblätter, gewaschen und trocken getupft
- ½ Handvoll frische Löwenzahn-Zungenblüten

- *Mörser*

PFANNENGEMÜSE

Lecker zu Nudeln

Löwenzahn kann wie Spinat in der Pfanne zubereitet werden. Beide haben einen »grünen«, leicht bitteren Geschmack. Löwenzahnblätter enthalten jedoch mehr Antioxidantien und sind reicher an Vitamin A, C und K. Außerdem stärken Löwenzahnblätter die Darmgesundheit und fördern die Verdauung.

ZUTATEN

- 8 Handvoll frische, junge Löwenzahnblätter, gewaschen und trocken getupft
- 1 große Zwiebel
- 1 Knoblauchzehe
- 1 Spritzer Olivenöl
- 1 Spritzer Sojasauce
- 1 TL Paprikapulver
- Salz und Pfeffer

SO WIRD ES GEMACHT

1. Die Löwenzahnblätter grob zerkleinern. Die Zwiebel fein hacken und den Knoblauch zerdrücken.
2. Das Olivenöl in einer Pfanne auf mittlerer Stufe erhitzen und die Zwiebel und den Knoblauch darin anbraten. Die Blätter zugeben und unter Rühren 2–3 Minuten mitbraten.
3. Mit Sojasauce, Paprikapulver, Salz und Pfeffer würzen.

BROTAUFSTRICH

Würzig und fruchtig

Ein köstlicher veganer Aufstrich voller intensiver Aromen und Nährstoffe. Diese cremige, überraschende Mischung schmeckt köstlich auf Toast, Knäckebrot oder einer Scheibe Löwenzahnbrot.

SO WIRD ES GEMACHT

1 Knoblauch, Datteln und Aprikosen in kleine Stücke schneiden. Die Nüsse im Mörser fein zerkleinern. Blütenblätter, Knoblauch, Datteln und Aprikosen zu den Nüssen geben.

2 Einen Schuss Olivenöl hinzufügen und alles zu einer stückigen Paste verarbeiten, bis sich alles verbunden hat. Mit etwas Salz und Pfeffer würzen.

ZUTATEN

- 1 Knoblauchzehe
- 5 Datteln ohne Kern
- 5 getrocknete Aprikosen
- ½ Handvoll Walnusskerne
- ½ Handvoll Cashewkerne
- 1 Handvoll frische Löwenzahn-Zungenblüten
- 1 Schuss Olivenöl
- Salz und Pfeffer

- *Mörser*

Datteln

SUPPE

Ein Genuss für den Frühling

Diese Suppe mit Löwenzahnblättern und -blüten macht Lust auf den Frühling. Die leicht bitteren Blätter stecken voller Vitamine und helfen, den Körper zu entgiften. Die leuchtend gelben Zungenblüten steuern Antioxidantien bei. Perfekt als Energiebooster nach einem langen Winter!

ZUTATEN

- 2 Handvoll frische Löwenzahnblätter, gewaschen und trocken getupft
- 1 Zwiebel
- 2 Knoblauchzehen
- 1 Kartoffel
- 1 Stange Lauch
- 1 Bund Frühlingszwiebeln
- 1 Schuss Olivenöl
- 1 l Gemüsebrühe
- 200 g weiße Bohnen (Konserve, Abtropfgewicht)
- Salz und Pfeffer
- ½ Handvoll frische Löwenzahn-Zungenblüten

SO WIRD ES GEMACHT

1. Die Löwenzahnblätter in kleine Stücke schneiden. Zwiebel und Knoblauchzehen fein hacken. Die Kartoffel schälen und in 1 cm dicke Würfel schneiden. Lauch und Frühlingszwiebeln in dünne Ringe schneiden.
2. Das Olivenöl in einem Topf erhitzen. Zwiebeln und Knoblauch darin glasig dünsten, dann Kartoffel, Lauch und Frühlingszwiebeln dazugeben. Alles 2 Minuten dünsten, dann Brühe und Löwenzahnblätter hinzufügen.
3. Die Suppe zum Kochen bringen und 15 Minuten köcheln lassen. Nach 10 Minuten die weißen Bohnen zugeben, damit sie noch gut heiß werden.
4. Die Suppe mit etwas Salz und Pfeffer abschmecken und mit Blütenblättchen garnieren.

SORBET

Sommerliche Erfrischung

Ein überraschend leckeres Sorbet mit dem zart-blumigen Geschmack von Löwenzahnblüten und der Frische von Zitrone. Köstlich an einem Sommerabend mit einem Glas Löwenzahnwein!

SO WIRD ES GEMACHT

1 Das Wasser mit Zucker, Blüten und Zitronensaft in einen Topf geben und kurz aufkochen. Sofort vom Herd nehmen und abkühlen lassen.

2 Durch das Käseleinen abseihen. Den Sirup in eine Eismaschine gießen und gemäß Bedienungsanleitung des Geräts gefrieren lassen. Wer keine Eismaschine hat, gießt den Sirup in einen Gefrierbehälter mit Deckel und stellt ihn mehrere Stunden in den Tiefkühler. Zwischendurch mit einer Gabel auflockern, damit sich keine Eiskristalle bilden.

3 Das Sorbet kann aus der Eismaschine heraus serviert oder in einem Behälter im Gefrierfach aufbewahrt werden. Mit ein paar frischen Blütenblättchen garnieren.

ZUTATEN

- 300 ml Wasser
- 200 g Rohrzucker
- 4 Handvoll frische Löwenzahn-Zungenblüten, plus einige Blättchen zum Garnieren
- Saft von 1 Zitrone

- *Käseleinen (Seihtuch)*
- *Eismaschine*

Rohrzucker

KARTOFFELSTAMPF

Mit würzigem Grün

Auch ein solcher Familienklassiker kann eine wilde Note gut vertragen. Wie Endiviensalat hat der Löwenzahn einen leicht bitteren Geschmack, aber er enthält mehr Vitamin A und C und fördert die Entgiftung der Leber.

ZUTATEN

- 4 Handvoll frische Löwenzahnblätter, gewaschen und trocken getupft
- 1 kg mehlig kochende Kartoffeln
- 1 große Zwiebel
- 1 Schuss Olivenöl
- Sojadrink
- Salz und Pfeffer

- *Kartoffelstampfer*

SO WIRD ES GEMACHT

1. Die Löwenzahnblätter in kleine Stücke schneiden.
2. Die Kartoffeln schälen und in kleine Stücke schneiden. In einem großen Topf mit reichlich Wasser und etwas Salz 15–20 Minuten weich kochen.
3. Die Zwiebel fein hacken und in einer Pfanne mit etwas Olivenöl anbraten.
4. Die Kartoffeln abgießen, mit dem Kartoffelstampfer zerdrücken und die Zwiebeln und Blätter unterrühren.
5. So viel Sojadrink unterrühren, bis die gewünschte Konsistenz erreicht ist, dann mit Salz und Pfeffer abschmecken.

TACOS

Eine Extraportion Vitamine

Bei diesem typisch mexikanischen Gericht kann der Blattsalat durch Löwenzahnblätter ersetzt werden. Sie schmecken viel würziger als herkömmlicher Kopfsalat und enthalten auch mehr Vitamine und Mineralstoffe

SO WIRD ES GEMACHT

1 Den Backofen auf 200 °C vorheizen. Die Löwenzahnblätter in Stücke und die Paprika in dünne Streifen schneiden.
2 Zwiebel, Knoblauch und Tomaten fein hacken und in einer Schüssel zu einer Salsa verrühren. Olivenöl, etwas Limettensaft, Salz und Pfeffer hinzugeben.
3 Die Taco Shells auf ein Backblech legen und 5 Minuten im Ofen erhitzen.
4 Die Avocado schälen, den Kern entfernen und das Fruchtfleisch fein pürieren. Mit etwas Limettensaft, Chilipulver, Paprikapulver, Salz und Pfeffer abschmecken – fertig ist die Guacamole.
5 Die Taco Shells aus dem Ofen nehmen und zügig mit Löwenzahnblättern und Paprika füllen. Tomatensalsa und Guacamole darauf verteilen und nach Belieben mit weiteren Gewürzen verfeinern.

ZUTATEN

- 4 Handvoll frische Löwenzahnblätter, gewaschen und trocken getupft
- 1 Paprika
- 2 Zwiebeln
- 2 Knoblauchzehen
- 4 Tomaten
- 1 Schuss Olivenöl
- Saft von 1 Limette
- Salz und Pfeffer
- 12 Taco Shells
- 1 Avocado
- Chilipulver
- Paprikapulver

TRINKEN

Beim Stichwort »Löwenzahn« denkt man wahrscheinlich zunächst einmal nicht an Rezepte für Getränke. Eigentlich schade, denn es gibt eine Menge interessanter und leckerer Zubereitungen. Vielleicht haben Sie schon von Löwenzahnkaffee gehört? Oder wie wäre es mit einem selbst gemachten Löwenzahnwein? Sehr empfehlenswert ist auch erfrischender Löwenzahneistee – am besten mit einem Schuss Löwenzahnsirup.

Diese Getränke sind nicht nur köstlich, sondern außerdem sehr gesund. Sie sind reich an Antioxidantien, die helfen, Zellschäden durch freie Radikale vorzubeugen. Die hohe Konzentration an Vitamin C unterstützt das Immunsystem, während Vitamin A die Gesundheit von Haut und Augen stärkt. Außerdem entgiftet Löwenzahn die Leber und fördert die Verdauung.

Bevor ich dieses Buch schrieb, hatte ich noch nie selbst Wein hergestellt, aber es ist einfacher, als man denkt. Der ganze Prozess, vom Pflücken der Blüten bis zur Abfüllung, hat mir große Freude bereitet. Es ist schon ein besonderes Gefühl, aus einfachen Wildpflanzen einen feinen Wein zu machen. Nicht nur ich war überrascht, auch meine Familie und Freunde waren sehr von dem Wein angetan.

CHAI

Wärmt schön durch

Chai ist ein Aufguss aus wärmenden Gewürzen, der ursprünglich aus Indien stammt. Löwenzahnwurzel verleiht ihm einen erdigen Geschmack und hat eine entgiftende Wirkung. Wer mag, süßt ihn mit einem Schuss Löwenzahnsirup.

ZUTATEN

FÜR 2 TASSEN ODER GLÄSER

- 1 frische Löwenzahnwurzel
- 2-cm-Stück Ingwer
- 2 Kardamomkapseln
- 1 Gewürznelke
- 1 Zimtstange
- 400 ml Wasser
- 200 ml Hafermilch
- 1 Schuss Löwenzahnsirup (siehe S. 82)

- *Backpapier*
- *Teesieb*

SO WIRD ES GEMACHT

1. Den Backofen auf 150 °C vorheizen. Lose Erde von der Löwenzahnwurzel abschütteln, dann die Wurzel unter fließendem Wasser gründlich abbürsten. Die Wurzel abtrocknen und in kleine Stücke schneiden. Ein Backblech mit Backpapier auslegen. Die Wurzelstücke darauf verteilen und 1 Stunde rösten, bis sie dunkelbraun sind. Vorsicht, nicht verbrennen lassen!
2. Den Ingwer schälen und in dünne Scheiben schneiden und die Kardamomkapseln zerdrücken.
3. Löwenzahnwurzel, Ingwer, Kardamom, Nelke und Zimtstange mit dem Wasser in einen Topf geben und zum Kochen bringen. 10 Minuten abgedeckt köcheln lassen.
4. Den Haferdrink hinzugießen und erneut bis knapp unter den Siedepunkt erhitzen. Den Chai durch ein Sieb in Tassen gießen. Nach Belieben mit einem Schuss Löwenzahnsirup süßen.

EISTEE

Sommerliche Erfrischung vom Feinsten

Die gelben Zungenblüten und grüne Limette sehen nicht nur schön aus, sondern punkten auch mit ihrer entgiftenden und entschlackenden Wirkung. Ein Getränk, das an heißen Sommertagen erfrischt und neue Energie spendet.

SO WIRD ES GEMACHT

1 Die Blütenblätter in die Karaffe geben und mit Wasser auffüllen. Die Limette halbieren, eine Hälfte auspressen und den Saft in das Wasser geben. Die andere Hälfte in Scheiben schneiden und in den Krug legen.

2 Den Löwenzahnsirup einrühren und einige Stunden in den Kühlschrank stellen. Vor dem Servieren den Eistee durch das Sieb in Gläser gießen.

ZUTATEN

- 1 Handvoll frische Löwenzahn-Zungenblüten
- 1 Limette
- 1 EL Löwenzahnsirup (siehe S. 62)

- *Karaffe (1 l Volumen)*
- *Teesieb*

KAFFEE

Aus einheimischer Ernte

Löwenzahnkaffee ist eine natürliche Alternative zu normalem Kaffee und wird seit Jahrhunderten wegen seiner gesunden Wirkung genossen. Er enthält kein Koffein, aber wertvolle Antioxidantien, fördert die Verdauung und unterstützt die Leber.

ZUTATEN

- 2 Handvoll frische oder getrocknete Löwenzahnwurzeln
- Zimt- oder Kardamompulver, nach Belieben

- *Backpapier*
- *Kaffeemühle*
- *kleine Blechdose mit Deckel (300 ml Volumen)*
- *Kaffeefilter*

SO WIRD ES GEMACHT

1. Den Backofen auf 150 °C vorheizen. Lose Erde von der Löwenzahnwurzel abschütteln, dann die Wurzel unter fließendem Wasser gründlich abbürsten. Die Wurzel abtrocknen und in kleine Stücke schneiden.
2. Ein Backblech mit Backpapier auslegen. Die Wurzelstücke darauf verteilen und 1 Stunde rösten, bis sie dunkelbraun sind. Vorsicht, nicht verbrennen lassen!
3. Die Wurzelstücke abkühlen lassen und in einer Kaffeemühle zu feinem Pulver mahlen. Dieses als Vorrat in der Blechdose kühl und trocken aufbewahren.
4. Für eine Tasse »Kaffee« 200 ml Wasser in einem Topf aufkochen und 2 EL Pulver einrühren. 10 Minuten köcheln lassen, das Getränk dann durch einen Kaffeefilter in die Tasse gießen. Nach Belieben mit Zimt oder Kardamom abschmecken.

Löwenzahnwurzel

KRÄUTERTEE

Belebend und stärkend

Entgiftender Löwenzahn und beruhigende Brombeerblätter sind ein gutes Team für diesen wohltuenden, belebenden Aufguss, der zur Stärkung des Immunsystems beiträgt. Wer mag, knabbert dazu ein gesundes Löwenzahnplätzchen (siehe S. 42).

SO WIRD ES GEMACHT

1 Die Blüten und die Brombeerblätter mit dem Wasser in einen Topf geben und bis knapp unter den Siedepunkt erhitzen. Vom Herd nehmen und 5–10 Minuten ziehen lassen.

2 Den Aufguss durch das Sieb in eine Teekanne oder gleich in Becher oder Gläser gießen.

ZUTATEN

- 10 frische oder getrocknete ganze Löwenzahnblüten
- 1 Handvoll frische oder getrocknete Brombeerblätter
- 500 ml Wasser

- *Teesieb*

LIKÖR

Schmeckt nach Sommer

Dieser einzigartige, hausgemachte Likör schmeckt nach Sommer und eignet sich gut für einen festlichen Anlass. Seine mild-blumige Note und sein fruchtiger Charakter versprechen einen natürlichen Genuss.

ZUTATEN

- 2 Handvoll frische Löwenzahn-Zungenblüten
- Schale von 1 Bio-Orange
- 700 ml Wodka oder anderer klarer Alkohol mit wenig Eigengeschmack
- 4 EL Löwenzahnsirup (siehe S. 82)

- *2 Schraubdeckelgläser (350 ml Volumen)*
- *Käseleinen (Seihtuch)*
- *Etiketten*

SO WIRD ES GEMACHT

1. Die Blütenblätter auf die beiden Gläser verteilen. Etwas Orangenschale hinzufügen. Die Gläser bis unter den Rand mit Wodka auffüllen (die leere Wodkaflasche aufbewahren) und fest verschließen.
2. Die Mischung zwei Wochen ziehen lassen, währenddessen die Gläser gelegentlich schütteln.
3. Die leere Wodkaflasche sterilisieren. Die Flüssigkeit durch Käseleinen in eine Schüssel abseihen und den Sirup einrühren. Den Likör in die Flasche füllen. Ein Etikett mit Inhalt und Datum beschriften und aufkleben.

SHOT

Frühjahrsputz für den Körper

Eine reinigende Saftkur im Frühjahr erfrischt und spendet neue Energie. Diese kraftvolle Mischung aus Löwenzahn und Brennnessel hilft, den Körper zu entgiften und das Immunsystem zu stärken.

SO WIRD ES GEMACHT

1. Die Gurke waschen und in Würfel schneiden. Die halbe Zitrone auspressen.
2. Alle Zutaten in den Mixer geben und glatt pürieren. Fertig ist der Gesundheitsdrink!

ZUTATEN

- ½ Salatgurke
- ½ Zitrone
- 1 Handvoll frische Löwenzahnblätter, gewaschen und trocken getupft
- 1 Handvoll frische Brennnesselblätter, gewaschen und trocken getupft

- *Standmixer oder Hochleistungsmixer*

Brennnesselblätter

SIRUP

Blumig und süß

Dieser Löwenzahnsirup hat einen süßen, blumigen Geschmack. Er unterstützt die Verdauung und entgiftet die Leber. Perfekt zum Süßen von Löwenzahneistee (siehe S. 73) oder Likör (siehe S. 78).

ZUTATEN

- 1 Bio-Zitrone
- 4 Handvoll frische Löwenzahn-Zungenblüten
- 1 l Wasser
- 750 g Rohrzucker

- *Käseleinen (Seihtuch)*
- *3 sterilisierte Flaschen mit Bügelverschluss (350 ml Volumen)*
- *Etiketten*

SO WIRD ES GEMACHT

1. Die Zitrone heiß waschen und in Scheiben schneiden. Die Blütenblätter und die Zitrone mit dem Wasser in einen Topf geben und bis knapp unter dem Siedepunkt erhitzen. Vom Herd nehmen und über Nacht abgedeckt ziehen lassen.
2. Die Flüssigkeit durch das Käseleinen in einen Topf abseihen. Den Rückstand im Tuch kräftig ausdrücken. Den Rohrzucker hinzufügen und zum Kochen bringen. Unter Rühren köcheln lassen, bis die Flüssigkeit leicht eindickt.
3. Vom Herd nehmen und den Sirup in die Flaschen füllen. Etiketten mit Inhalt und Datum beschriften und aufkleben. Wenn der Sirup ungeöffnet, kühl und dunkel gelagert wird, ist er etwa sechs Monate haltbar. Nach dem Öffnen in den Kühlschrank stellen und bald aufbrauchen.

SMOOTHIE

Guter Start in den Tag

Ein grüner Smoothie gibt dem Körper am Morgen einen tollen Energieschub. Die Blätter des Löwenzahns sind reich an Vitaminen und Mineralstoffen. Das macht den Smoothie nicht nur erfrischend, sondern auch supergesund!

SO WIRD ES GEMACHT

1 Banane und Apfel schälen und in kleine Stücke schneiden.
2 Alle Zutaten in den Mixer geben und glatt pürieren. Den gesunden Smoothie sofort servieren.

ZUTATEN

FÜR 2 GLÄSER

- 1 Banane
- 1 Apfel
- 1 Handvoll frische Löwenzahnblätter, gewaschen und trocken getupft
- 2 EL Haferflocken
- 300 ml Kokosmilch

- *Standmixer*

Kokosmilch

WEIN

Sonnenenergie in Flaschen

Im selbst gemachten Löwenzahnwein wird die Kraft der Natur eingefangen und konserviert. Die Herstellung ist gar nicht schwierig, und der fertige Wein hat einen angenehm frischen Charakter.

ZUTATEN

- 8 Handvoll frische Löwenzahn-Zungenblüten
- Saft von 2 Orangen
- 4 l Wasser
- 1 kg Bio-Rohrohrzucker
- 1 EL Weinhefe

- *Trichter*
- *Gärballon mit Gäraufsatz (5 l Volumen)*
- *Käseleinen (Seihtuch)*
- *10 sterilisierte Flaschen mit Bügelverschluss (500 ml Volumen)*
- *Etiketten*

SO WIRD ES GEMACHT

1. Die Blütenblätter mit Orangensaft, Wasser und Zucker in einen Topf geben. Unter Rühren erhitzen, aber nicht kochen!
2. Vom Herd nehmen, sobald sich der Zucker aufgelöst hat, und auf Handtemperatur abkühlen lassen. Die Weinhefe einrühren.
3. Die Mischung durch den Trichter in den Gärballon gießen und den Gäraufsatz auf den Hals setzen.
4. Den Ballon an einen kühlen, dunklen Ort stellen und die Flüssigkeit etwa vier Wochen gären lassen. Die Gärung ist abgeschlossen, wenn im Gäraufsatz keine Bläschen mehr aufsteigen.
5. Den Wein durch das Käseleinen abseihen und die Bügelflaschen bis einige Zentimeter unter dem Rand füllen. Etiketten mit Inhalt und Datum beschriften und aufkleben.
6. Die Flaschen an einem kühlen, dunklen Ort aufbewahren. Der Wein kann sofort probiert werden, sein Aroma verbessert sich aber, wenn man ihn noch eine Weile reifen lässt.

GESUNDHEIT

Der Löwenzahn ist seit Jahrhunderten als wichtige Heilpflanze bekannt, darauf verweist auch der Zusatz seines botanischen Namens: »officinale«. Geschätzt wird er vor allem wegen seiner entgiftenden Wirkung. Er regt die Produktion von Gallenflüssigkeit an, die für eine gute Verdauung und die Ausscheidung von Abfallstoffen unerlässlich ist.

Sowohl die Wurzel als auch die Blätter des Löwenzahns fördern die Verdauung. Sie regen den Appetit an und wirken mild abführend bei Verstopfung. Löwenzahn ist außerdem ein natürliches Diuretikum, das heißt, er hilft dem Körper, überschüssige Flüssigkeit auszuscheiden – ohne Kaliumverlust, der bei synthetischen Diuretika auftreten kann.

Der hohe Anteil an Antioxidantien und Vitamin C im Löwenzahn verleiht ihm eine entzündungshemmende Wirkung, was beispielsweise bei Rheuma, Gicht und Arthritis von Vorteil sein kann. Er stärkt das Immunsystem und wirkt blutreinigend. Löwenzahnblätter sind reich an Calcium und Vitamin K, die beide für den Erhalt starker Knochen wichtig sind.

Löwenzahn wird wegen seiner entzündungshemmenden und antibakteriellen Eigenschaften auch in der Hautpflege verwendet. Er kann vor allem Hautprobleme wie Akne und Ekzeme lindern. Es gibt auch Hinweise darauf, dass Löwenzahn zur Stabilisierung des Blutzuckerspiegels beitragen kann, was für Menschen mit Diabetes wichtig ist.

Obwohl Löwenzahn im Allgemeinen sicher ist, gibt es einige wenige Kontraindikationen. Menschen mit Allergien gegen Korbblütler können empfindlich auf Löwenzahn reagieren. Auch Menschen, die Diuretika, Blutverdünner oder Antidiabetika einnehmen, oder die an Gallenbeschwerden leiden, sollten sich vor der Verwendung ärztlich beraten lassen. Grundsätzlich ist es vor der Einnahme von Naturheilmitteln ratsam, Ihren Arzt oder Ihre Ärztin zu konsultieren, falls Vorerkrankungen vorliegen oder regelmäßig Medikamente eingenommen werden.

KAPSELN

Geballte Kraft

Bei Frühjahrsmüdigkeit oder allgemeiner Trägheit sind Löwenzahnblätter ein wirksames Hilfsmittel. Allerdings mag nicht jeder den bitteren Geschmack der Blätter. Diese Kapseln lassen sich leicht schlucken und sind praktisch für den regelmäßigen Energieboost.

SO WIRD ES GEMACHT

1. Die Blätter so fein wie möglich hacken und in einem Mörser zu Pulver zerstoßen.
2. Das Pulver in die eine Hälfte der Kapsel füllen und mit der anderen Hälfte verschließen. Wiederholen, bis genügend Kapseln hergestellt sind.
3. Die Kapseln in das Glasgefäß mit Deckel füllen und an einem kühlen, dunklen Ort aufbewahren.
4. Gegen Abgeschlagenheit bis zu zwei Wochen lang zwei bis drei Kapseln pro Tag einnehmen. Danach auf jeden Fall eine Pause machen.

ZUTATEN

- 2 Handvoll getrocknete Löwenzahnblätter

- *Mörser*
- *essbare Kapseln zum Selbstbefüllen (vegan)*
- *Glasgefäß mit Deckel*

KOMPRESSE

Für Augen und Haut

Traditionell wird Löwenzahn wegen seiner entzündungshemmenden und lindernden Eigenschaften bei Augen- und Hautproblemen eingesetzt. Seine Wirkung beruht auf dem hohen Gehalt an Vitaminen wie Betacarotin und Mineralstoffen. Eine Kompresse aus Löwenzahn reinigt, erfrischt und beruhigt die Augen und die Haut.

ZUTATEN

- 1 Handvoll frische ganze Löwenzahnblüten
- 500 ml Wasser

- *Sieb*
- *sterilisierte Glasflasche mit Bügelverschluss (500 ml Volumen)*
- *sauberes Tuch*

SO WIRD ES GEMACHT

1. Die Blüten mit dem Wasser in einen Topf geben. Aufkochen und 15 Minuten leicht köcheln lassen.
2. Die Flüssigkeit durch ein Sieb in die Flasche gießen. Im Kühlschrank aufbewahren.
3. Das Tuch anfeuchten und auf die Augen legen oder die Haut damit abtupfen. Hält sich etwa drei Tage im Kühlschrank.

LIPPENBALSAM

Pflegend und beruhigend

Schnelle Hilfe bei trockenen und rissigen Lippen verspricht dieser Lippenbalsam. Er ist reich an Antioxidantien und Vitaminen und hat eine beruhigende und lindernde Wirkung. Das Vitamin-E-Öl schützt vor UV-Schäden.

SO WIRD ES GEMACHT

1. Pflegeöl, Candelillawachs und Sheabutter sehr vorsichtig im Wasserbad schmelzen, bis eine homogene Flüssigkeit entsteht.
2. Vom Herd nehmen und das Vitamin-E-Öl zur Konservierung hinzufügen. Die Flüssigkeit in den Tiegel oder die Leerhülse gießen. Abkühlen und aushärten lassen.
3. Wenn der Balsam zu hart ist, erneut schmelzen und etwas mehr Öl hinzufügen. Ist er zu weich, etwas mehr Wachs zugeben.

ZUTATEN

- 4 EL Pflegeöl (siehe S. 98)
- 1 EL Candelillawachs
- 1 EL Sheabutter
- 4 Tropfen Vitamin-E-Öl

- *Bain-Marie (Küchengerät zum Schmelzen und Warmhalten)*
- *kleiner Tiegel oder Leerhülse für Lippenstift*

PFLEGEÖL

Pflegend und heilend

Dieses Löwenzahnöl pflegt trockene, spröde Haut und hilft bei rissigen Stellen an Ellenbogen und Fußsohlen. Bei Kopfschmerzen einige Tropfen des Öls auf die Schläfen reiben, bei Gelenkschmerzen dort anwenden. Der Löwenzahn wird in Öl eingelegt und muss einige Wochen an einem sonnigen Platz ziehen. Dabei gehen seine Wirkstoffe in das Öl über. Ein Öl voller Sonnenkraft!

ZUTATEN

- frische Löwenzahnblätter und -blüten, genug, um das Glas zu drei Vierteln zu füllen
- Olivenöl

- *Schraubdeckelglas (400 ml Volumen)*
- *feines Sieb oder Käseleinen (Seihtuch)*
- *2 Etiketten*
- *dunkle Glasflasche mit Verschluss, nach Belieben*

SO WIRD ES GEMACHT

1. Den Löwenzahn in kleine Stücke schneiden und das Glas zu drei Vierteln damit füllen. So viel Öl zugießen, bis die Pflanzenstücke bedeckt sind. Ein Etikett mit Inhalt und Datum beschriften und aufkleben.
2. Den Deckel einen Tag lang locker auflegen, damit das Wasser aus den Pflanzenteilen noch verdunsten kann, dann das Glas fest verschließen. Vier bis sechs Wochen an einen sonnigen Platz stellen, zum Beispiel auf die Fensterbank. Regelmäßig schütteln.
3. Danach das Öl durch ein feines Sieb oder Käseleinen abseihen. Das benutzte Glasgefäß wieder reinigen und sterilisieren oder, falls vorhanden, eine dunkle Glasflasche verwenden. Das Pflegeöl hineingießen. Ein neues Etikett mit Inhalt und Datum beschriften und aufkleben. An einem kühlen, dunklen Ort ist das Öl etwa sechs Monate haltbar.

OXYMEL

Bewährter Heiltrank

Oxymel ist ein Elixier, das schon in der Antike verwendet wurde. Diese Mischung aus Löwenzahn mit Essig und Honig stärkt das Immunsystem. Darüber hinaus hilft der Löwenzahn auch bei Verdauungsproblemen wie Blähungen und Völlegefühl.

SO WIRD ES GEMACHT

1 Den Löwenzahn in kleine Stücke schneiden und in das Glas geben. Gelee und Essig dazugeben und mit einem sauberen Löffel gut umrühren. Ein Etikett mit Inhalt und Datum beschriften und aufkleben.

2 Das Glas zwei bis drei Wochen stehen lassen und gelegentlich schütteln.

3 Die Flüssigkeit abseihen. Das benutzte Glas spülen und erneut sterilisieren. Das Oxymel einfüllen und ein neues Etikett mit Inhalt und Datum beschriften und aufkleben. An einem kühlen, dunklen Ort aufbewahren. Oxymel ist etwa ein Jahr lang haltbar.

4 Als Kur bis zu drei Wochen lang täglich 2 EL Oxymel in einem Glas Wasser aufgelöst einnehmen.

ZUTATEN

- 2 Handvoll frische ganze Löwenzahnblüten
- 200 ml Löwenzahngelee (siehe S. 38)
- 200 ml Löwenzahnessig (siehe S. 46)

- *sterilisiertes Schraubdeckelglas (500 ml Volumen)*
- *2 Etiketten*
- *feines Sieb oder Käseleinen (Seihtuch)*

← Löwenzahngelee

WURZELTINKTUR

Entgiftend und stärkend

Im Herbst sammelt der Löwenzahn die ganze Pflanzenkraft in den Wurzeln, um den Winter zu überstehen. Das ist die beste Zeit, um Wurzeltinktur zur Entgiftung von Galle, Leber und Nieren herzustellen.

ZUTATEN

- 1 Handvoll frische Löwenzahnwurzeln
- 400 ml Wodka oder Gin

- *sterilisiertes Schraubdeckelglas (500 ml Volumen)*
- *Etiketten*
- *feines Sieb oder Käseleinen (Seihtuch)*
- *8 dunkle Glasfläschchen (50 ml Volumen), am besten mit Tropfpipette*

SO WIRD ES GEMACHT

1. Die Wurzeln gut mit Wasser abspülen, um die Erde zu entfernen. Dann abtrocknen und letzte Erdreste abbürsten.
2. Die Wurzeln in kleine Stücke schneiden und in das Glas geben. Mit dem Alkohol übergießen, schütteln und den Deckel fest aufdrehen.
3. Ein Etikett mit Inhalt und Datum beschriften und aufkleben. Das Glas vier bis sechs Wochen stehen lassen und gelegentlich schütteln. Am Boden des Glases kann sich eine weiße, milchige Substanz absetzen – das ist Stärke. Sie ist unbedenklich.
4. Die Tinktur abseihen und in die Fläschchen abfüllen. Etiketten mit Inhalt und Datum beschriften und aufkleben. Die Flaschen an einem kühlen, dunklen Ort aufbewahren.
5. Als Kur bis zu drei Wochen lang dreimal täglich 20 Tropfen in etwas Wasser einnehmen. Die Tinktur ist etwa zwei Jahre haltbar.

WARZENMILCH

Kaum zu glauben

Der milchige Saft, der beim Pflücken von Löwenzahn aus dem Stängel austritt, wird seit Generationen als Naturheilmittel zur Beseitigung von Warzen verwendet. Einfach die Warze regelmäßig mit dem Milchsaft betupfen, und sie kann wie Schnee in der Sonne verschwinden!

SO WIRD ES GEMACHT

1 Mit den Fingern den Milchsaft aus dem Stängel drücken.
2 Die Warze zweimal täglich mit etwas Milchsaft betupfen, bis sie verschwunden ist.

ZUTATEN

- frische Löwenzahnstängel

SALBE

Lindernd und pflegend

Löwenzahnsalbe kann helfen, trockene und raue Haut zu beruhigen. Sie wirkt entzündungshemmend und antibakteriell bei Hautreizungen wie Insektenstichen und kleineren Wunden. Die Salbe lindert auch Muskel- und Gelenkschmerzen. Das Schöne an der selbst gemachten Salbe ist, dass Sie die Inhaltsstoffe genau kennen: Alle sind natürlich und rein pflanzlich.

ZUTATEN

- Pflegeöl (siehe S. 98)
- Candelillawachs
- einige Tropfen Vitamin-E-Öl

- *Bain-Marie (Küchengerät zum Schmelzen und Warmhalten)*
- *sterilisierte Kosmetiktiegel mit Deckel*
- *Etiketten*

SO WIRD ES GEMACHT

1. Das Pflegeöl in einen Messbecher geben und die Menge genau ablesen. Auf 100 ml Öl werden 10 g Candelillawachs benötigt, also 10:1. Das Wachs exakt abwiegen.
2. Öl und Wachs im Wasserbad erwärmen. Regelmäßig rühren, bis das Wachs vollständig geschmolzen ist. Einige Tropfen Vitamin-E-Öl hinzufügen, aber nicht mehr als 1 % der Gesamtmenge.
3. Die Mischung in die Tiegel gießen und abkühlen lassen. Dabei wird die Salbe fester. Etiketten mit Inhalt und Datum beschriften und aufkleben. Die Salbe ist etwa sechs Monate haltbar.

Pflegeöl

SCHÖNHEIT

Löwenzahn ist wegen seiner heilenden Eigenschaften und seiner Nährstoffe eine wertvolle Zutat für verschiedene Körperpflegeprodukte. Die Vitamine A, C und E tragen dazu bei, die Haut mit Feuchtigkeit zu versorgen und sie vor Schäden durch freie Radikale zu schützen. Außerdem fördern sie die Produktion von Kollagen, das zur Hautreparatur beitragen und Falten reduzieren kann. Wie wäre es mit einer reichhaltigen Körperbutter?

Löwenzahn wirkt entzündungshemmend und kann zur Linderung von Ekzemen und Akne beitragen. Seife und Shampoo mit Löwenzahn können helfen, empfindliche Haut und Kopfhaut zu beruhigen und zu reinigen. Löwenzahn entspannt auch die Muskeln und baut Stress ab. Ein Bad oder Fußbad mit Löwenzahn-Badesalz ist eine Wohltat.

Löwenzahn enthält Stoffe, die Ihre Haut vor Schäden durch UV-Strahlung schützen können. Sonnenschutzmittel mit Löwenzahn bieten daher einen natürlichen Schutz und machen die Haut geschmeidig. Man kann solche Produkte kaufen, aber man kann sie auch ganz leicht selbst herstellen.

BADESALZ

Entspannende Auszeit

Ein bisschen Badesalz mit Löwenzahn im (Fuß-)Bad macht Ihre Haut weicher und glatter. Es reinigt die Poren, bekämpft Bakterien und lindert Hautreizungen. Außerdem hat es eine wunderbar entspannende Wirkung auf Muskeln und Gelenke.

SO WIRD ES GEMACHT

1 Alle Zutaten gut vermischen und in das Glas füllen.

2 Ein Etikett mit Inhalt und Datum beschriften und aufkleben.

3 Etwa 10 TL Badesalz in die Badewanne geben. Für ein Fußbad genügen 5 TL.

ZUTATEN

- 1 Handvoll frische Löwenzahnblütenblätter
- 100 g Meersalz
- 50 g Bittersalz (Epsom-Salz)
- 15 g Natron

- *Schraubdeckelglas, (250 ml Volumen)*
- *Etikett*

KÖRPERBUTTER

Für trockene Hände und müde Beine

Diese duftende Körperbutter eignet sich gut, um nach der Gartenarbeit die Hände zu pflegen. Das nährende Pflegeöl macht rissige Haut wieder geschmeidig. Auf müde Beine und Füße die Körperbutter gern großzügig auftragen.

ZUTATEN

- 50 g Sheabutter
- 50 ml Pflegeöl (siehe S. 98)
- 1 TL Speisestärke
- 1 TL Vitamin-E-Öl
- einige Tropfen ätherisches Öl eigener Wahl

- *Bain-Marie (Küchengerät zum Schmelzen und Warmhalten)*
- *Handmixer*
- *sterilisiertes Schraubdeckelglas (100 ml Volumen)*

SO WIRD ES GEMACHT

1 Die Sheabutter langsam im Wasserbad schmelzen, dann das Pflegeöl hinzufügen. Abkühlen lassen, bis die Konsistenz von Gel erreicht ist. Im Kühlschrank geht es schneller.

2 Nun die übrigen Zutaten einrühren. Die Speisestärke macht die Körperbutter etwas griffiger. Das Vitamin-E-Öl verlängert die Haltbarkeit und das ätherische Öl verleiht der Mischung einen angenehmen Duft.

3 Nun die Masse mit dem Mixer aufschlagen, bis sie locker und leicht schaumig ist. Falls die Masse zu fest ist, noch etwas Pflegeöl hinzufügen. Ist sie zu flüssig, etwas (geschmolzene) Sheabutter unterrühren.

4 Die Masse in das Glas füllen. Ein Etikett mit Inhalt und Datum beschriften und aufkleben.

SCRUB

Für streichelweiche Haut

Dieses sonnengelbe, duftende Peeling mit beruhigendem Löwenzahn und feuchtigkeitsspendendem Öl entfernt abgestorbene Hautzellen, belebt und erfrischt die Haut.

SO WIRD ES GEMACHT

1 Die Blütenblättchen trocknen lassen, dann im Mörser zu feinem Pulver zerstoßen. Mit den übrigen Zutaten vermischen und in das Glas füllen.

2 Das Glas in Reichweite der Dusche aufstellen. Während des Duschens das Wasser abstellen, etwas Peeling nehmen und die nasse Haut kräftig damit abrubbeln. Gründlich abspülen.

ACHTUNG

Die Dusche/Wanne kann vom Öl rutschig werden.

ZUTATEN

- 2 Handvoll frische Löwenzahn-Zungenblüten
- 50 g Pflegeöl (siehe S. 98)
- 50 g Bio-Rohrohrzucker

- *Mörser*
- *sterilisiertes Schraub- oder Klemmdeckelglas (150–200 ml Volumen)*

Rohrzucker

SHAMPOO

Für trockenes Haar

Viele Shampoos enthalten Chemikalien, die Haare und Kopfhaut schädigen oder austrocknen können. Wer sein Shampoo selbst herstellt, weiß genau, was drin ist. Ich habe trockenes Haar, das sich leicht kräuselt. Löwenzahn bekommt ihm gut. Mein Haar sieht jetzt glänzender und gesünder aus!

ZUTATEN

- 10 ml Pflegeöl (siehe S. 98)
- 100 ml flüssige Kastilienseife
- 80 ml Kokosmilch
- 10 ml Glyzerin
- 1 TL Vitamin-E-Öl
- 10 Tropfen ätherisches Öl eigener Wahl

- *sterilisierte dunkle Glasflasche mit Pumpspender (200 ml Volumen)*
- *Etikett*

SO WIRD ES GEMACHT

1. Alle Zutaten gut verrühren, bis sie sich gleichmäßig verbunden haben.
2. Das Shampoo in die Flasche füllen. Ein Etikett mit Inhalt und Datum beschriften und aufkleben. Kühl und dunkel gelagert hält das Shampoo etwa einen Monat.

Pflegeöl

SEIFE

Natürliche Reinigung

Immer mehr Menschen stellen ihre Seife selbst her. Das ist etwas aufwendig, macht aber auch viel Spaß. Die duftende Seife aus natürlichen Zutaten trocknet die Haut nicht aus, sondern pflegt sie und kann mit ihren Antioxidantien und Vitaminen sogar Hautprobleme lindern.

SO WIRD ES GEMACHT

1 Pflegeöl, Kokosöl und Kakaobutter abwiegen und in einem Edelstahltopf erwäremen und rühren, bis alles geschmolzen ist. Die Temperatur sollte dabei 50 °C nicht überschreiten.

2 Das Hantieren mit Ätznatron ist eine gefährliche Angelegenheit, darum bitte Handschuhe anziehen und die Schutzbrille aufsetzen. Den abgekühlten Löwenzahntee in die Glaskanne gießen, dann die Laugenkristalle hinzufügen (niemals umgekehrt!). Rühren, bis alle Kristalle aufgelöst sind. Die Lauge wird nun von allein warm. Die Kanne mit einer Untertasse abdecken und den Inhalt auf 45 °C abkühlen lassen.

3 Die Lauge unter Rühren mit dem Schneebesen in den Topf mit dem Öl gießen. Jetzt beginnt der Verseifungsprozess. Weiter rühren, bis die Mischung klumpt. Das kann eine ganze Weile dauern. Mit dem Stabmixer geht es schneller, aber mehr Kontrolle über den Prozess hat man mit dem Schneebesen.

Fortsetzung auf S. 122

ZUTATEN

- 450 ml Pflegeöl (siehe S. 93)
- 350 g Kokosöl
- 100 g Kakaobutter
- 250 g abgekühlter Löwenzahn-Kräutertee (siehe S. 77)
- 130 g Ätznatron
- 1 TL gemahlene Kurkuma
- 10 g ätherisches Waldkiefernöl
- 10 g ätherisches Zitronengrasöl
- 2 Handvoll Löwenzahn-Zungenblüten

- *Waage*
- *Gummihandschuhe*
- *Schutzbrille*
- *Glaskanne*
- *Küchenthermometer*
- *Schneebesen oder Stabmixer*
- *Silikon-Seifenform oder Kastenkuchenform*
- *Backpapier*
- *Spatel*
- *altes Handtuch*

Fortsetzung von S. 121

4 Jetzt die Kurkuma für die gelbe Farbe und die ätherischen Öle für den Duft hinzufügen und gut unterrühren. Bei Bedarf mit dem Schneebesen oder dem Stabmixer noch etwas länger rühren, bis die Masse wieder klumpig wird.
5 Zwei Drittel der Blütenblättchen zugeben und gleichmäßig in der Masse verteilen. Die Seifenform bereitstellen oder die Kuchenform mit Backpapier auslegen. Die Seifenmasse in die gewählte Form füllen und glatt streichen.
6 Den Rest der Zungenblüten darüberstreuen. Mit einem Blatt Backpapier abdecken und die Form zum Warmhalten in ein Handtuch wickeln.
7 Die Seife 24 Stunden ruhen lassen, dann aus der Form lösen. Die Seife in gleich große Stücke schneiden und an einem trockenen, dunklen Ort aufbewahren. Die Seife muss noch vier Wochen reifen, bevor sie estmals verwendet werden kann.

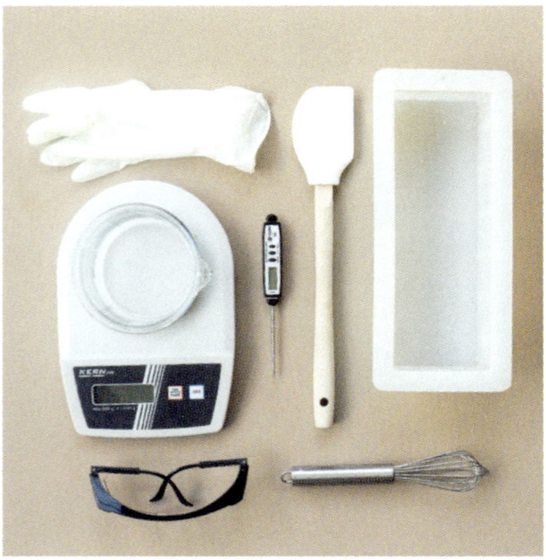

SONNENSCHUTZCREME

Für empfindliche Haut

Meine helle, sommersprossige Haut ist besonders anfällig für Sonnenbrand. Ich versuche zwar, die pralle Sonne zu meiden, aber das gelingt nicht immer. Es ist schwierig, eine gute Sonnencreme zu finden, die sanft zur Haut ist und einen zuverlässigen UV-Schutz bietet. Diese Creme mit dem Zusatz von Pflegeöl schützt und beruhigt zugleich.

SO WIRD ES GEMACHT

1 Pflegeöl, Kokosöl, Sheabutter und Candelillawachs im Wasserbad unter Rühren erwärmen, bis alles flüssig ist. Vom Herd nehmen.

2 Zinkoxid und Vitamin-E-Öl unter Rühren hinzufügen. Mit dem Schneebesen so lange rühren, bis eine gleichmäßige Creme entstanden ist.

3 Für einen angenehmen Duft ein paar Tropfen ätherisches Öl hinzufügen und nochmals gut umrühren. Die Creme in das Glas füllen. Ein Etikett mit Inhalt und Datum beschriften und aufkleben. Die Creme ist etwa zwei Monate haltbar.

Je mehr Zinkoxid zugegeben wird, desto höher ist der UV-Schutz. Der genaue Lichtschutzfaktor lässt sich allerdings nur im Labor bestimmen. Am besten testen Sie die Schutzwirkung zuerst an Körperteilen, die nicht so empfindlich sind.

Achtung: Nicht alle ätherischen Öle sind geeignet, denn einige sind fototoxisch (viele Zitrusöle). Lavendel und Rosengeranie sind hingegen sicher.

ZUTATEN

- 30 ml Pflegeöl (siehe S. 58)
- 20 ml Kokosöl
- 10 g Sheabutter
- 10 g Candelillawachs
- 20 g Zinkoxid
- 1 TL Vitamin-E-Öl
- einige Tropfen ätherisches Öl, z. B. Lavendel oder Rosengeranie

- *Bain-Marie (Küchengerät zum Schmelzen und Warmhalten)*
- *Schneebesen*
- *sterilisiertes Schraubdeckelglas oder Kosmetiktiegel (150 ml Volumen)*
- *Etikett*

KREATIVITÄT

Löwenzahn ist nicht nur essbar und gesund, sondern eignet sich auch für allerlei Kreativprojekte. Die flauschigen Samenstände verlangen förmlich danach, etwas Hübsches daraus zu machen. Vielleicht haben Sie als Kind aus den Blüten eine Kette oder einen Kranz gebunden. Aber wussten Sie, dass man aus den Stängeln sogar eine stabile Schnur machen kann?

Außerdem kann man aus dem Löwenzahn durch ein bestimmtes Verfahren Farbpigmente extrahieren und ein farbiges Pigmentpulver gewinnen. Mit diesem Pigment kann man beispielsweise Öl- oder Wasserfarben herstellen. Mischt man das Pigment mit Wachs, erhält man Wachsmalstifte. Der Löwenzahn eignet sich außerdem zum Färben von Stoffen, zur Herstellung von pflanzlicher Tinte und sogar zum Glasieren von Keramik.

Mit den leuchtend sonnengelben Zungenblüten kann man handgeschöpftes Papier herstellen und anschließend mit der selbst gemachten Löwenzahnfarbe bemalen. In diesem Kapitel stelle ich allerlei kunsthandwerkliche Projekte mit Löwenzahn vor. Es macht Freude, aus Naturprodukten mit den eigenen Händen etwas zu schaffen. Jedes Produkt ist ein Unikat und damit besonders wertvoll!

BLÜTENKRANZ

Verspielt und romantisch

Einen Kranz aus Löwenzahn zu binden, ist eine spielerische und entspannende Beschäftigung, an der auch Kinder Freude haben. Und so ein sonnengelber Kranz im Haar macht einfach gute Laune.

MATERIAL

- 2 Handvoll Löwenzahnblumen (Blüten mit Stängeln)

SO WIRD ES GEMACHT

1. Eine Blume in die eine Hand nehmen und eine zweite danebenlegen. Den Stängel einmal um den Stängel der ersten Blume schlingen, dann die beiden Stängel parallel legen.
2. Nun eine dritte Blume nehmen, an die zweite Blüte legen und den Stängel so drehen, dass er zwischen der zweiten und dritten Blume liegt. Den Stängel dann wieder parallel zu den beiden anderen Stängeln legen.
3. So fortfahren, bis die Kette lang genug ist. Um den Kranz zu schließen, den letzten Stängel zwischen die Stängelschlingen der ersten Blumen stecken.

GLASUR

Natürlich und lebendig

Als Keramikerin habe ich mich mit der Verwendung von Pflanzen für Glasuren beschäftigt. Natürlich habe ich auch Löwenzahn ausprobiert. Die Asche des Löwenzahns enthält genau die richtigen Rohstoffe für eine schöne Glasur. Sicherlich hat nicht jeder die Möglichkeit, einen Brennofen zu benutzen, aber ich möchte das Verfahren trotzdem vorstellen, weil es so interessant ist.

SO WIRD ES GEMACHT

1 Den getrockneten Löwenzahn in den Feuerkorb legen, anzünden und abbrennen lassen, bis alles zu Asche geworden ist. Die Asche abkühlen lassen.

2 Die Asche in der Schale mit wenig Wasser zu einem Brei verrühren. Den Brei durch das Sieb streichen.

3 Den Brei mit einem Pinsel auf das Keramikobjekt auftragen. Trocknen lassen und eine weitere Schicht auftragen. Diesen Vorgang mindestens dreimal wiederholen.

4 Die Unterseite des Objekts und den unteren Rand mit dem Schwamm abwischen, damit die Glasur nicht an der Ofenplatte festklebt.

5 Das Objekt im Keramikbrennofen bei 1240–1280 °C brennen. Mit etwas Erfahrung kennt man die besten Brennprogramme für den eigenen Ofen.

6 Es ist immer sehr spannend und überraschend, wie die Glasur am Ende aussehen wird. Der Reiz dieser Glasur liegt gerade in der Unberechenbarkeit.

MATERIAL

- 1 Eimer getrockneter Löwenzahn (alle Bestandteile)

- *Feuerkorb oder alter Grill*
- *Feuerzeug*
- *kleine Schale*
- *feines Sieb*
- *Pinsel*
- *unglaziertes Keramikobjekt, möglichst vorgebrannt*
- *Schwamm*
- *Brennofen*

getrockneter Löwenzahn

TINTE

Zum Schreiben und Zeichnen

Pflanzliche Tinte ist ganz einfach herzustellen. Im Grunde braucht man nur einen sehr starken Löwenzahnaufguss und gibt etwas Gummi arabicum dazu – fertig ist die Tinte. Sie eignet sich zum Schreiben, vielleicht für einen persönlichen Brief, aber auch zum Zeichnen mit Feder oder Pinsel.

MATERIAL

- 2 Handvoll frischer Löwenzahn (Blätter und Blüten)
- flüssiges Gummi arabicum
- ganze Gewürznelken oder Nelkenöl

- *Käseleinen (Seihtuch) oder feines Sieb*
- *kleine Fläschchen mit Tropfpipette*
- *Etiketten*

SO WIRD ES GEMACHT

1. Den Löwenzahn in kleine Stücke schneiden oder hacken, in einen Topf mit Wasser geben und zum Kochen bringen. 30 Minuten köcheln lassen.
2. Vom Herd nehmen und das Pflanzenmaterial durch das Käseleinen oder ein Sieb abseihen.
3. Flüssiges Gummi arabicum im Verhältnis 1:100 zugeben, d. h. 1 ml Gummi arabicum auf 100 ml Flüssigkeit. Es sorgt dafür, dass die Tinte besser auf dem Papier haftet und schöner fließt.
4. Die Tinte in die Fläschchen füllen. In jedes Fläschchen eine Gewürznelke oder ein paar Tropfen Nelkenöl geben. Das ist wichtig, um die Tinte länger haltbar zu machen.
5. Etiketten mit Inhalt und Datum beschriften und aufkleben. Sie können auch einen Tropfen der Tinte auf das Etikett geben, damit man gleich eine Vorstellung vom Farbton hat.

LÖCKCHEN

Hübsche Deko

Eine Freundin hat mir erzählt, dass sie als Kind aus Löwenzahn Löckchen gemacht hat, indem sie die Stängel längs eingeschnitten und in eine Schüssel mit Wasser gelegt hat. Das habe ich natürlich sofort ausprobiert, und tatsächlich rollen die Stängel sich ein! Das sieht niedlich aus und ist ein spannendes Experiment für Kinder.

SO WIRD ES GEMACHT

1 Den Stängel von unten nach oben mit dem Fingernagel oder einem Messer längs in der Mitte aufschlitzen. Dann jede Hälfte noch einmal längs spalten.

2 Die Blumen in die Schale mit Wasser legen und abwarten. Es dauert nicht lange, bis sich die Stängel einrollen.

MATERIAL

- ein kleines Bund Löwenzahnblumen (Blüten mit Stängeln)
- *Schale mit Wasser*

MATTE

Handgemachte Untersetzer

Mit langen und getrockneten Löwenzahnstängeln lässt sich allerlei anfangen. Man kann daraus kleine Matten weben, die sich als Tischset oder Untersetzer nützlich machen. Es ist sogar möglich, mehrere dieser Matten wie ein Patchwork zusammenzunähen.

MATERIAL

- 6 Handvoll lange getrocknete Löwenzahnstängel

- *Klebeband*
- *Sticknadel ohne Spitze und Faden (bei Bedarf)*

SO WIRD ES GEMACHT

1 Die Stängel eine Minute in lauwarmes Wasser legen, damit sie wieder weich und biegsam werden.
2 Mehrere lange und stabile Stängel senkrecht nebeneinander auf die Arbeitsplatte legen und mit Klebeband befestigen. Auf gleichmäßige Abstände achten.
3 Nun einen Stängel waagerecht einweben, immer abwechselnd über und unter den senkrechten Stängeln. Den Stängel ganz nach oben an das Klebeband schieben.
4 Den nächsten Stängel im entgegengesetzten Rhythmus einweben und auch diesen fest nach oben schieben. Diesen Vorgang wiederholen, bis das Ende der senkrechten Stängel erreicht ist.
5 Die überstehenden Enden der Stängel können einfach in das Gewebe gesteckt oder mit Nadel und Faden fixiert werden.

ÖLFARBE

Wie die alten Meister

Die alten Meister haben ihre Ölfarben meist aus Pigmenten natürlicher Materialien wie Steinen, Erde und Pflanzen selbst hergestellt. Das geht auch mit Löwenzahn. Die fertige Farbe wird in leere Tuben gefüllt, um sie bis zur nächsten Malsitzung aufbewahren zu können.

SO WIRD ES GEMACHT

1 Ein Häufchen Pigmentpulver auf die Anreibeplatte geben und mit dem Malspachtel in die Mitte eine kleine Vertiefung drücken.
2 Etwas Öl in die Vertiefung geben und mit dem Pigmet zu einer glatten Paste verrühren. Wenn die Paste zu dick ist, etwas mehr Öl hinzufügen. Ist sie zu flüssig, mehr Pigment unterarbeiten.
3 Die Masse jetzt mit dem Glasläufer mit kreisenden Bewegungen fein verreiben. Zwischendurch immer wieder mit dem Spachtel zusammenschieben. Wenn der Läufer gut an der Glasplatte haftet und alle Pimentpartikel mit Öl bedeckt sind, ist die Farbe fertig.
4 Die Farbe mit dem Spachtel in die unten offene Leertube füllen. Mit dem Deckel der Tube auf die Arbeitsfläche klopfen, damit Luftblasen nach oben steigen. Den unteren Tubenrand mit der Zange zusammendrücken und mehrmals umfalten.
5 Ein Etikett mit Datum und Inhalt auf die Tube kleben.

MATERIAL

- Löwenzahnpigment (siehe S. 145)
- Walnuss- oder Leinöl

- *Anreibeplatte aus Glas*
- *Malspachtel*
- *Glasläufer*
- *leere Farbtuben*
- *Zange*

Löwenzahnpigment

PAPIER

Handgeschöpft mit Blütenblättern

Es macht Spaß, aus Pflanzen Papier herzustellen. Viele Pflanzen eignen sich dafür, auch der Löwenzahn, dessen schöne gelbe Zungenblüten im Papier gut sichtbar bleiben. Die Bögen eignen sich zum Schreiben, zum Zeichnen und als Geschenkpapier. Viel Spaß beim Experimentieren!

MATERIAL

- 10 Handvoll frische Löwenzahn-Zungenblüten

- *großer Topf*
- *große (eckige) Schüssel, in die der Schöpfrahmen passt*
- *Schöpfrahmen*
- *Baumwolltücher*
- *saugfähige Vliestücher*
- *2 Holzbretter*
- *4 Leimzwingen*

SO WIRD ES GEMACHT

1. Die Blütenblättchen in einen großen Topf geben und diesen bis knapp unter den Rand mit Wasser füllen. Zum Kochen bringen und sofort vom Herd nehmen. Abkühlen lassen.
2. Das Wasser mit den Blütenblättchen in die große Schüssel gießen. Der Schöpfrahmen muss sich vollständig eintauchen lassen. Falls erforderlich, Wasser nachfüllen.
3. Das Wasser mit der Hand umrühren, um den Brei gut zu verteilen. Den Schöpfrahmen von der Seite hineinschieben und bis zum Boden absenken. Den Schöpfrahmen anheben, dabei ganz waagerecht halten, sodass sich eine dünne Schicht Pflanzenbrei auf ihm ablagert. Einen Moment abtropfen lassen.
4. Den oberen Rahmen vorsichtig abnehmen, sobald der größte Teil der Flüssigkeit abgetropft ist. Den Schöpfrahmen leicht schräg halten, damit die letzte Feuchtigkeit abfließen kann.
5. Ein Vliestuch auf der Arbeitsfläche ausbreiten und ein Baumwolltuch darauflegen. Den Schöpfrahmen hochkant auf die Tuchkante setzen, dann kippen und fest andrücken, um das Papier auf dem Tuch abzulegen. Den Schöpfrahmen abnehmen.
6. Ein Baumwolltuch und ein Vliestuch darauflegen. Darauf folgt ein weiteres Baumwolltuch, auf dem das nächste Blatt Papier abgelegt wird.
7. Den Vorgang wiederholen und das letzte Blatt Papier mit einem weiteren Baumwolltuch und einem Vliestuch bedecken.
8. Den Stapel zwischen die Holzbretter legen und an den Ecken mit den Leimzwingen fest zusammenpressen. Einen Tag trocknen lassen, dann das Papier vorsichtig aus den Tüchern lösen. Das Papier liegend aufbewahren und am besten flächig beschweren, damit es glatt bleibt.

PIGMENT

Pulver zum Einfärben

Durch ein spezielles Verfahren ist es möglich, dem Löwenzahn sein Farbpigment zu entziehen. Für mich hat dieser Vorgang etwas Magisches. Das so gewonnene Pigmentpulver kann zur Herstellung von Ölfarben, Wasserfarben oder Wachsmalstiften verwendet werden. Das Pigment des Löwenzahns gelblich-grün, fast kaki.

SO WIRD ES GEMACHT

1 Den Löwenzahn in kleine Stücke schneiden und in den Topf geben. Mit Wasser auffüllen und zum Kochen bringen. Das Ganze 15 Minuten leicht köcheln lassen.

2 Die Mischung über Nacht stehen lassen, dann erneut bis an den Siedepunkt erhitzen. Die Flüssigkeit durch Käseleinen oder ein feines Sieb gießen.

3 Die heiße Flüssigkeit in den Messbecher gießen, um die genaue Menge festzustellen. In zwei getrennten Schüsseln Alaun und Natron exakt abwiegen. Für 1 l Flüssigkeit werden 10 g Alaun und 5 g Natron benötigt.

4 Die heiße Flüssigkeit in einen Eimer gießen. Er darf maximal bis zur Hälfte gefüllt sein. Zuerst das Alaun einrühren, bis es sich aufgelöst hat. Danach das Natron zugeben. Vorsicht, es schäumt! An der Farbe des Schaums ist bereits der Farbton des fertigen Pigments zu erkennen.

5 Die Mischung in Gläser füllen. Nach einer Weile sinken die Pigmentteilchen auf den Boden und darüber setzt sich eine halbwegs klare Flüssigkeit ab. Diese vorsichtig abgießen, sodass nur noch der Pigmentbrei am Boden des Glases bleibt.

6 Den Pigmentbrei in den Papierfilter gießen und abtropfen lassen – am besten über Nacht, denn das dauert eine Weile.

7 Wenn alles gut läuft, bleibt jetzt ein farbiger Rückstand im Filter zurück. Den Filter vorsichtig aus der Halterung nehmen und auf eine ebene Fläche legen. Den Rückstand zu einem harten Pigment trocknen lassen. Das kann ein paar Tage dauern.

8 Die getrockneten Pigmentbrocken im Mörser zu einem sehr feinen Pulver zerstoßen. Fertig ist das Pigment! Mit diesem Pigmentpulver können Ölfarben, Wachsmalstifte oder Aquarellfarben hergestellt werden.

MATERIAL

- ein halber Eimer frischer Löwenzahn
- Alaun
- Natron

- *großer alter Topf*
- *Käseleinen (Seihtuch) oder feines Sieb*
- *Messbecher*
- *2 kleine Schüsseln*
- *kleiner Eimer*
- *Schraubdeckelgläser*
- *Filterpapier (aus dem Laborbedarf), ersatzweise Kaffeefilter*
- *Küchensieb*
- *Mörser*

PUSTEBLUMEN

Romantik pur

Die flauschigen, kugeligen Samenstände des Löwenzahns sind für sich schon kleine Kunstwerke der Natur. Sie eignen sich für allerlei kreative Bastelprojekte. Lassen Sie sich etwas einfallen, um diese filigrane Schönheit einzufangen.

MATERIAL

- 2 Handvoll Löwenzahnblüten, die gerade eben verblüht sind

- *Schere*
- *1 m stabiler Eisendraht*
- *Schnur*
- *Haarspray*

SO WIRD ES GEMACHT

1 Die Stängel ganz knapp unterhalb der Blütenstände abschneiden. Den Draht zu einer Herzform biegen, aber die Enden noch nicht verbinden.

2 Die Blütenstände längs und mittig auf den Draht fädeln und dicht zusammenschieben. Die Blütenstände auf der zweiten Seite des Herzens andersherum auffädeln, sodass alle nach oben weisen.

3 Wenn der Draht dicht gefüllt ist, die Drahtenden miteinander verbinden. Die Schnur anbringen und das Herz aufhängen. Es ist wichtig, dass es frei hängt und nicht etwa die Fensterscheibe berührt, sonst können die Schirmchen sich nicht kugelig ausbreiten.

4 Am nächsten Morgen haben sich die Pusteblumen geöffnet. Damit sie ein wenig länger schön bleiben, kann man sie mit Haarspray einsprühen.

VARIANTEN

Sie können die Pusteblumen auch auf eine lange Schnur auffädeln und als Girlande aufhängen. Oder Sie stecken einen einzelnen Blütenkopf auf einen Holzspieß und befestigen ihn auf einem kleinen Holzteller unter einem Glassturz (Foto links).

TEXTILFARBE

Auf den Spuren unserer Vorfahren

Unsere Vorfahren haben ihre Textilien mit Pflanzen gefärbt. Dabei entstehen schöne natürliche Farben, die viel umweltfreundlicher sind als synthetische Farbstoffe. Benötigt wird ein Stoff aus Naturfasern wie Wolle, Leinen oder Baumwolle, der vor dem Färben gebeizt werden muss. Dafür lassen sich verschiedene Anleitungen im Internet finden.

SO WIRD ES GEMACHT

1 Den Löwenzahn in kleine Stücke schneiden und in einen großen Topf geben. Den Topf bis knapp unter den Rand mit Wasser füllen und alles zum Kochen bringen. 15 Minuten köcheln lassen. Den Sud über Nacht ziehen lassen. Den gebeizten Stoff in sauberem Wasser ebenfalls über Nacht einweichen.

2 Die Flüssigkeit durch ein feines Sieb oder Käseleinen in den zweiten großen Topf gießen, das ist das Färbebad. Den Topf auf den Herd stellen. Den Stoff aus dem Wasser nehmen, sehr gut auswringen und in das Färbebad legen. Es ist wichtig, dass sich der Stoff im Wasser frei bewegen kann. Falls nötig, noch etwas Wasser zugießen.

3 Zum Kochen bringen und häufig mit einer alten Kelle umrühren. Der Stoff muss immer vollständig untergetaucht ist.

4 Bei Wollstoff den Topf sofort vom Herd nehmen, sobald das Färbebad den Siedepunkt erreicht. Stoff aus Leinen oder Baumwolle noch 30–60 Minuten köcheln lassen. Zwischendurch gelegentlich das Färbeergebnis kontrollieren. Je länger der Stoff im Färbebad bleibt, desto intensiver fällt die Farbe aus. Ich lasse den Stoff normalerweise über Nacht im Färbebad liegen, um sicher zu sein, dass die Farbe gut eingezogen ist.

5 Den Stoff unter fließendem Wasser ausspülen und zum Trocknen aufhängen.

MATERIAL

- ein halber Eimer getrockneter Löwenzahn (alle Bestandteile sind möglich)
- Stoff, Garn oder Kleidungsstück aus Naturfaser, vorher gebeizt

- *2 große alte Töpfe*
- *Käseleinen (Seihtuch) oder feines Sieb*
- *alte Kelle oder Kochlöffel*

SCHNUR

Natürlich und stabil

Aus Löwenzahnstängeln kann man stabile Schnüre herstellen! Schöne lange Stängel sind in hohem Gras zu finden. Sie sind am längsten, wenn die Blütezeit vorbei ist und die Blätter gelb werden. Die gesammelten Stängel in Bündeln zum Trocknen aufhängen.

MATERIAL

- 2 Handvoll lange getrocknete Löwenzahnstängel

SO WIRD ES GEMACHT

1. Die trockenen Stängel eine Minute in lauwarmes Wasser legen, damit sie wieder geschmeidig und biegsam werden.
2. Zwei oder drei Stängel mit beiden Händen an den Enden fassen und die Mitte der Stängel gegeneinander verdrehen, sodass eine Schlaufe entsteht.
3. Die Schlaufe mit einer Hand greifen und mit der anderen Hand den oberen Strang vom Körper weg drehen, dann vor dem unteren Strang nach unten führen. Den oben liegenden Strang ergreifen und den Vorgang wiederholen.
4. Mit der Hand, die die Schlaufe hält, immer wieder nachgreifen, also das bereits verdrehte Stück festhalten und mit der anderen Hand die Enden weiter verdrehen.
5. Wenn das Ende eines Stängels erreicht ist, einfach leicht überlappend einen neuen Stängel anlegen, um die Schnur zu verlängern. Die Stängel sollten ungefähr gleich dick sein, damit die Schnur eine gleichmäßige Stärke bekommt. Die herausschauenden Enden können später abgeschnitten werden.
6. Die Länge der Schnur können Sie selbst bestimmen, indem Sie einfach immer wieder neue Stängel anlegen. Ins Ende einen Knoten machen, damit die Wickelung sich nicht löst. Für eine dickere Schnur können zwei dünne Schnüre wie eine Kordel miteinander verdreht werden.

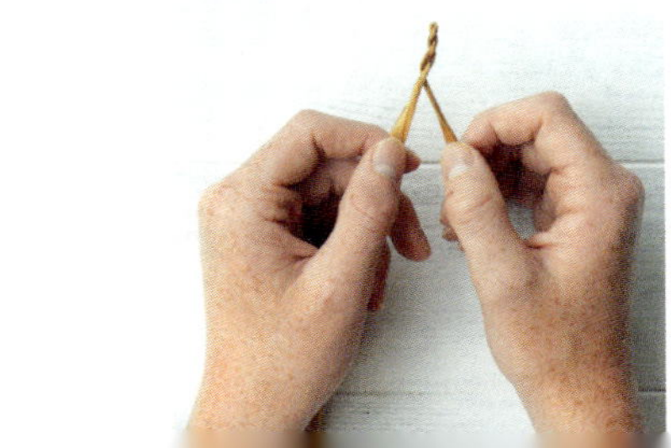

WACHSMALSTIFTE

Prima für Kinder

Wachsmalstifte kann man mit natürlichen Pigmenten leicht selbst herstellen. Die verschiedenen Pflanzenpigmente ergeben eine schöne, harmonische Farbpalette. Das warme Gelbgrün des Löwenzahns darf natürlich nicht fehlen!

SO WIRD ES GEMACHT

1. Das Wachs im Wasserbad schmelzen.
2. Das Pigment unter das geschmolzene Wachs mischen.
3. Die Mischung direkt in die Silikonform gießen.
4. Gut aushärten lassen, dann die Wachsmalstifte aus der Form lösen. Wer mag, kann sie noch mit einem Messer anspitzen.

MATERIAL

- 50 g Rapswachs
- 50 g Löwenzahnpigment (siehe S. 145)

- *Bain-Marie (Küchengerät zum Schmelzen und Warmhalten)*
- *Stiftform aus Silikon*

Rapswachs

AQUARELLFARBE

Malen mit Pflanzengigmenten

Wäre es nicht toll, einen Löwenzahn mit Farbe zu malen, die bereits aus Löwenzahn hergestellt ist? Das geht! Wer die Aquarellfarbe in kleinen Muschelschalen aushärten lässt, kann sie zum Malen mit ins Freie nehmen.

MATERIAL

- 20 ml warmes Wasser
- 10 g Gummi arabicum (Pulver)
- 12 ml Glyzerin
- 2 Tropfen Nelkenöl
- Löwenzahnpigment (siehe S. 145)

- *Muschelschalen*
- *etwas Sand*

SO WIRD ES GEMACHT

1. Für die Farbbasis das warme Wasser mit dem Gummi arabicum verrühren, bis keine Klümpchen mehr vorhanden sind. Das Glyzerin einrühren und schließlich das Nelkenöl. Letzteres sorgt für eine längere Haltbarkeit.
2. Nun jeweils die Basis im Verhältnis 1:1 mit Pigment mischen. Gründlich verrühren, bis die Basis gleichmäßig eingefärbt ist.
3. Die Farbe in die Muschelschalen gießen und trocknen lassen. Dafür am besten etwas Sand auf einen flachen Teller geben und die Muschelschalen hineindrücken, damit sie nicht kippen.
4. Die getrocknete Wasserfarbe ist lange haltbar. Zum Malen einfach mit einem feuchten Pinsel etwas Farbe anlösen.

TIERE

Wegen seiner vielen heilkräftigen Inhaltsstoffe ist Löwenzahn nicht nur für Menschen gesund, sondern auch für Tiere. Er ist eine hervorragende Quelle für Vitamine und Mineralstoffe, man könnte ihn geradezu als Kraftfutter bezeichnen. Darum ist er eine wertvolle Ergänzung zum täglichen Futter vieler Tiere.

Für Weidetiere wie Pferde, Kühe, Schafe und Ziegen bietet Löwenzahn eine willkommene Abwechslung auf ihrem Speiseplan. Wie gut, dass er reichlich auf Wiesen und Weiden wächst. Aber auch Haustiere wie Hunde, Katzen, Kaninchen und Meerschweinchen dürfen regelmäßig Löwenzahn fressen, um ihr Immunsystem und ihre allgemeine Gesundheit zu stärken. Er fördert die Verdauung und unterstützt die Leberfunktion.

Außerdem ist Löwenzahn eine wertvolle Pflanze für Insekten. Schon früh im Jahr, wenn ansonsten noch nicht viel blüht, bietet er reichlich Nektar und Pollen. Er ist eine hervorragende Nahrungsquelle für Bienen, Schmetterlinge, Käfer und andere Insekten.

Kleine Singvögel fressen die Samen des Löwenzahns und natürlich auch die Insekten selbst, die auf den Blüten sitzen. Regenwürmer nutzen die Kanäle, die entstehen, wenn Löwenzahnwurzeln absterben. Kurzum, Löwenzahn ist gesund und nützlich für viele Tiere und sorgt für eine reiche Artenvielfalt. Es gibt also viele gute Gründe, ihn auch im Ziergarten nicht immer gleich zu entfernen.

WEIDETIERE

Gesundes Beifutter

Pferde sind verrückt nach Löwenzahn, aber auch Kühe, Schafe und Ziegen lieben ihn. Seine Nährstoffe sind wichtig für die allgemeine Gesundheit dieser Tiere. Löwenzahn unterstützt das Immunsystem und stärkt Knochen und Zähne. Seine entschlackenden Eigenschaften helfen bei der Reinigung von Leber und Nieren sowie bei Hautproblemen und Gelenkbeschwerden.

SO WIRD ES GEMACHT

1 Den Löwenzahn draußen auf einem Tisch in der Sonne ausbreiten und an der Luft trocknen lassen.

2 Den getrockneten Löwenzahn zwischen den Händen zerreiben, sodass kleinere Stücke und Krümel entstehen.

3 In einen Eimer mit Deckel füllen und an einem dunklen, trockenen Ort aufbewahren.

4 Regelmäßig eine Handvoll ins Heu oder ins Futter geben.

ZUTATEN

- große Mengen frischer Löwenzahn

- *Eimer mit Deckel*

HAUSTIERE

Nahrungsergänzung für alle Lieblinge

Für Haustiere wie Hunde, Katzen, Kaninchen und Hamster ist Löwenzahn nicht nur ein Leckerbissen, sondern auch eine gute Ergänzung ihrer täglichen Nahrung. Die ganze Pflanze ist eine wichtige Quelle von Vitaminen und Mineralstoffen, die für alle Tiere wichtig sind. Löwenzahn wirkt besonders gut auf Leber, Galle und Nieren. Er regt die Verdauung an, stärkt das Immunsystem und lindert Entzündungen.

ZUTATEN

- 10 Handvoll frische Löwenzahnblätter
- 5 Handvoll frische Löwenzahnwurzeln

SO WIRD ES GEMACHT

1 Die Blätter an einem sonnigen Ort an der Luft trocknen lassen. Die trockenen Blätter zwischen den Händen fein zerreiben. Gelegentlich eine Portion unter das Heu oder das Futter mischen.

2 Die Wurzeln sauber bürsten und an einem sonnigen Ort trocknen lassen. Für Hunde oder Katzen die Wurzeln in kleine Stücke schneiden. Nager können ab und zu eine ganze Wurzel zum Knabbern bekommen.

INSEKTEN

Nektar- und Pollenlieferant

Untersuchungen haben ergeben, dass Löwenzahn einer der wichtigsten Nektar- und Pollenlieferanten für unsere Bienen, Hummeln und Schmetterlinge ist. Jede der vielen verschiedenen Bienenarten bevorzugt andere Blumen, von denen sie ihren Nektar sammelt, aber Löwenzahn gehört insgesamt zu den meistbesuchten Blüten – er steht bei vielen Bienenarten auf dem Speiseplan.

Löwenzahn blüht früh im Frühling, wenn noch nicht viele andere Nektarquellen zur Verfügung stehen. Die jungen Bienen, Hummeln und überwinternde Schmetterlinge sind nach der kalten Jahreszeit hungrig und finden in den Blüten des Löwenzahns die dringend benötigte Nahrung. Den Nektar und den Pollen brauchen sie nicht nur als Nahrung, sondern auch für die Eiablage und zum Füttern ihrer Larven.

Neben Bienen, Hummeln und Schmetterlingen sind auch Schwebfliegen, Raupen, Blattläuse und Käfer auf dem Löwenzahn zu finden. Es gibt sogar einige Insekten, für die der Löwenzahn die einzige Nahrungsquelle ist, wie die Löwenzahn-Gallwespe und die Löwenzahn-Gallmücke.

Auf den Wiesen sieht man jedoch leider immer weniger Löwenzahn. Er wird abgemäht oder bekämpft. Das könnte einer der Gründe dafür sein, dass es immer weniger Insekten und Wiesenvögel gibt. Deshalb ist es besonders im Frühjahr wichtig, nicht (zu oft) zu mähen!

SO WIRD ES GEMACHT

1 So viele Löwenzahnsamen wie möglich auf Rasenflächen, Wiesen und Weiden ausstreuen.
2 Möglichst wenig mähen, vor allem in der Zeit der Löwenzahnblüte.
3 So viel Löwenzahn wie möglich stehen lassen. Die Pflanzen nicht ausreißen.
4 Auf keinen Fall Herbizide verwenden.

ZUTATEN

- Löwenzahnsamen

VÖGEL

Nährstoffreiche Samen

Für Vögel wie Spatzen, Meisen und Finken sind die Samen des Löwenzahns eine wichtige Nahrungsquelle. Sie enthalten Proteine, die für Wachstum, Gesundheit und Regeneration wichtig sind. Fettsäuren liefern Energie und pflegen das Gefieder. Die Vitamine A und C stärken das Immunsystem. Mineralstoffe wie Calcium und Magnesium sind wichtig für die Knochen und den Stoffwechsel.

Neben den Samen fressen die Wiesenvögel natürlich auch die Insekten, die auf dem Löwenzahn zu finden sind: Käfer, Mücken und Fliegen. Die Küken der Wiesenvögel finden ihre Nahrung buchstäblich auf Schnabelhöhe. Der Rückgang der Wiesenvögel hängt auch mit dem Verschwinden des Löwenzahns von den Weiden zusammen.

Hühner, Tauben und Sittiche fressen gern die Samen. Regenwürmer nutzen die Gänge, die abgestorbene Löwenzahnwurzeln hinterlassen. Die Würmer wiederum sind eine Delikatesse für Hühner. Auch Vogelkot trägt dazu bei, den Boden wieder zu düngen. Geflügelhalter lassen ihre Hühner daher gern dort laufen, wo Löwenzahn wächst.

Aus all diesen Gründen ist es wichtig, den Löwenzahn in Ruhe zu lassen, ihn nicht mit Chemikalien zu besprühen und die Entwicklung der flauschigen Samenstände zu tolerieren. Wer der Natur auf die Sprünge helfen will, kann zusätzlich Samen ausstreuen.

ZUTATEN

- so viele Löwenzahn-Samenstände wie möglich

SO WIRD ES GEMACHT

1. Eine Pusteblume in die Hand nehmen und kräftig blasen, damit die Samen wegfliegen.
2. Wer es schafft, alle Samen mit einem Atemstoß wegzupusten, darf sich etwas wünschen.

GARTEN

Löwenzahn ist nicht nur gut für Menschen und Tiere, sondern auch für andere Pflanzen. Mit seinen langen Pfahlwurzeln durchdringt er verdichtete Böden, sodass sie lockerer und besser belüftet werden. Außerdem entzieht er dem Boden bestimmte Stoffe und schafft so Bedingungen, die andere Pflanzen zum Gedeihen brauchen.

Die tiefen Wurzelkanäle sorgen nicht nur für eine gute Drainage und Belüftung; Regenwürmer nutzen die Kanäle, die durch abgestorbene Löwenzahnwurzeln entstehen, gern und können sich so vermehrt der Humusbildung widmen. Die bodennahen Blätter des Löwenzahns beschatten den Boden und reduzieren die Verdunstung von Wasser. Der Pollen enthält viele Spurenelemente, die den Boden düngen.

Löwenzahn sollte im heimischen Garten unbedingt kompostiert werden, denn die in den Blättern und Wurzeln enthaltenen Vitamine und Mineralstoffe reichern den Kompost an und somit später auch den Gartenboden. Löwenzahnjauche ist ein nährstoffreicher Flüssigdünger, der Zier- und Nutzpflanzen stärker und gesünder macht. Lassen Sie darum auf jeden Fall Löwenzahn im Garten zu oder richten Sie zumindest eine Ecke ein, in der er ungestört wachsen darf.

KOMPOST

Der geniale Bodenverbesserer

Wer Löwenzahn aus optischen Gründen abschneidet oder ausgräbt, sollte ihn unbedingt auf den Kompost geben. Mit seiner langen Pfahlwurzel nimmt der Löwenzahn viel mehr Mineralstoffe aus dem Boden auf als andere Pflanzen. Diese Nährstoffe gibt er an den Kompost ab – und der wiederum kann zur Verbesserung des Bodens und als Nahrung für viele andere Pflanzen verwendet werden.

SO WIRD ES GEMACHT

1 Löwenzahn zusammen mit anderem organischem Material wie Baumschnitt, Gras und pflanzlichen Küchenabfällen auf den Kompost geben.

ZUTATEN

- ganzer Löwenzahn ohne Samen
- Komposthaufen
- verschiedene organische Abfälle

JAUCHE

Für kräftige, gesunde Pflanzen

Löwenzahnjauche versorgt den Boden und die Pflanzen im Garten mit einer Extraportion Nährstoffe. Sie enthält Spurenelemente wie Eisen, Calcium, Phosphor und Silizium, die Gartenpflanzen stärker, gesünder und widerstandsfähiger machen.

ZUTATEN

- großer Eimer Löwenzahn
- (Regen-)Wasser

- *Stock*
- *Sieb*
- *Gießkanne*

SO WIRD ES GEMACHT

1 Den Eimer mit dem Löwenzahn bis knapp unter dem Rand mit (Regen-)Wasser füllen und an einen sonnigen Platz stellen.

2 Mit einem Stock umrühren, damit viel Sauerstoff zugeführt wird. Mindestens eine Woche lang stehen lassen, dabei täglich umrühren. Nach ein paar Tagen beginnt die Mischung zu gären und kräftig zu riechen.

3 Nach zehn Tagen ist die Jauche fertig. Die Flüssigkeit durch ein Sieb gießen und die Pflanzenreste auf den Komposthaufen geben.

4 Die Jauche mit Gießwasser (möglichst Regenwasser) im Verhältnis 1:10 in einer Gießkanne verdünnen.

5 Das aufgedüngte Wasser auf dem Boden verteilen, um ihn mit Nährstoffen anzureichern, oder direkt über die Pflanzen gießen, um ihre Widerstandsfähigkeit zu erhöhen.

ANBAU

Gut für die Artenvielfalt

Es ist vielleicht unüblich, aber was spricht dagegen, Löwenzahn anzupflanzen? Es muss ja nicht gleich ein ganzes Beet voll sein – auch im Topf macht Löwenzahn etwas her. Er wächst fast überall, am liebsten aber in der Sonne. Und er nimmt es nicht übel, wenn man das Gießen einmal vergisst.

SO WIRD ES GEMACHT

1 Löwenzahn kann im zeitigen Frühjahr oder im September direkt in den Gartenboden oder in einen Topf mit Erde gesät werden. Einfach die Samen auf die Oberfläche streuen und leicht andrücken, dann mit etwas Wasser einsprühen, um sie nicht wegzuschwemmen.

2 Ebenso ist es möglich, Löwenzahnpflanzen an einer unerwünschten Stelle auszugraben (die Fundstelle mit Erde auffüllen) und in einen Blumentopf zu setzen. Der Topf muss recht hoch sein, damit die langen Pfahlwurzeln darin Platz finden. Die Erde leicht andrücken und die Pflanze angießen.

MATERIAL

- Löwenzahnsamen
- junge Löwenzahnpflanzen mit Wurzeln

- *hoher Topf mit Blumenerde (bei Bedarf)*

Löwenzahnsamen

ZUM WEITERLESEN

Bühring, Ursel: ***Blütenküche*** (2021), Verlag Eugen Ulmer.
Detto, Simone: ***Die wilden Neun*** (2023), Verlag Eugen Ulmer.
Hissel, Janine: ***Megalästig - megalecker - megagesund*** (2023), Verlag Eugen Ulmer.
Hissel, Janine & Schwarzer, Elke: ***Das kleine Unkraut-Kochbuch*** (2021), Verlag Eugen Ulmer.
Ritter, Claudia: ***Immunsystem stärken mit Heilpflanzen aus Natur und Garten*** (2022), Verlag Eugen Ulmer.
Ritter, Claudia: ***Wildes im Glas*** (2024), Verlag Eugen Ulmer.
Wurft, Monika: ***Mein Wildkräuterbuch*** (2020), Verlag Eugen Ulmer.

VON DER AUTORIN

Brennnessel

Werkstatt Natur

HAFTUNGSAUSSCHLUSS

Die in diesem Buch enthaltenen Empfehlungen und Angaben sind von der Autorin, dem Verlag und den Beauftragten mit größter Sorgfalt zusammengestellt und geprüft worden. Eine Garantie für die Richtigkeit der Angaben kann aber nicht gegeben werden. Autorin und Verlag übernehmen keine Haftung für Schäden und Unfälle. Bitte setzen Sie bei der Anwendung der in diesem Buch enthaltenen Empfehlungen Ihr persönliches Urteilsvermögen ein. Der Verlag Eugen Ulmer ist nicht verantwortlich für die Inhalte der im Buch genannten Websites.

DANK

Es war eine bereichernde Erfahrung, mich einmal ganz intensiv mit nur einer Pflanze zu beschäftigen. Der Löwenzahn hat mich nicht nur gelehrt, wie vielseitig und wertvoll er ist, sondern auch, wie wichtig es ist, die Natur aufmerksam und liebevoll zu betrachten. Heute empfinde ich für diese schöne, kraftvolle Pflanze große Bewunderung und Achtung.

Während des Schreibens habe ich mehr und mehr gespürt, dass wir wie der Löwenzahn in der Erde verwurzelt sind, aber immer die Freiheit haben, zu wachsen, zu gedeihen und unseren »Samen« – Wissen und Kreativität – zu verbreiten. Das hat meine Sicht auf die Natur und meinen eigenen Platz im großen Ganzen verändert, und ich bin dankbar für die Lektionen, die mir der Löwenzahn erteilt hat.

Während der Beschäftigung mit dem Löwenzahn habe ich mich oft auf unsere Vorfahren besonnen. Sie kannten sich mit Pflanzen wie dem Löwenzahn gut aus. Unsere Vorfahren wussten, wie man sich die Natur zunutze macht, und behandelten sie schon darum mit Respekt. Insofern ist es auch eine Hommage an unsere Vorfahren, wenn ich mich bemühe, dieses alte Wissen neu zu beleben und in unserer Zeit zu verbreiten.

Mein großer Dank geht an meinen Mann Jeroen, der immer an meiner Seite ist und mich bei meinen vielen Projekten und Ideen unterstützt. Ohne deine Hilfe, deine Liebe und dein Vertrauen wäre dieses Buch nie entstanden. Dank gebührt auch unseren Kindern Tom und Daan für ihre Neugier und ihre Begeisterungsfähigkeit, die mich immer wieder daran erinnern, die Welt neugierig und mit wachem Blick zu sehen. Ihr macht jeden Tag schöner, fröhlicher und sinnvoller!

Natasja

IMPRESSUM

Anmerkung zur Schreibweise (Gen
dergerechtigkeit und Inkl
gelebte Praxis
Them

u
au
rec
unzu
Vervie
filmun
tung in
behält si
UrhG vor,
des Verlag